LE SPECTRE D'ATACAMA

Alain Connes
Danye Chéreau Jacques Dixmier

LE SPECTRE D'ATACAMA

Trio pour la fin du Temps

Odile Jacob

15, rue Soufflot, 75005 Paris

www.odilejacob.fr

ISBN 978-2-7381-4136-1

CHAPITRE PREMIER

Un courriel impératif

Il a touché les extrémités de la Terre. L'océan laisse filtrer une vague lueur. À l'infini des courbes, des blocs, un paysage grandiose et désolé. Une île gris perle glisse devant lui *pianissimo*. L'arc-en-ciel et son double enlacent l'horizon. Sur la grève, il distingue comme un abri de toile bleue, une voûte d'or et d'argent. Puis une gente dame aux habits d'un autre âge. Une licorne à ses pieds la regarde, inquiète. À la proue du voilier, Jacques Paganel sous les traits du Professeur Tournesol explique que la corne de cet animal chimérique cache une antenne qui permet de communiquer avec les extraterrestres. Un éclair s'abat sur la licorne. Secousse. La foudre a pulvérisé toile, dame et fantasmagorie, il ne reste rien, rien qu'un code-barres sur un fond blanc.

Armand reconnaît le code-barres, au dos de la BD *Le Sceptre d'Ottokar* qu'il tenait dans ses mains avant de s'endormir en écoutant du Brahms.

« Sur la droite de l'appareil, vous pouvez apercevoir les premiers contreforts de la cordillère des Andes. »

Il vient d'être tiré de son rêve par la voix du commandant de bord. L'Airbus effectue le vol Paris-Santiago du Chili. Armand Lafforet est agréablement surpris de se retrouver dans l'hémisphère Sud sans avoir été vraiment perturbé par le passage à travers le pot au noir. Comme le voyage dure longtemps, il a entrepris de relire ses classiques. Hergé et Jules Verne étaient de saines lectures pour l'enfant presque sage. Il y découvrait le monde, la science, l'aventure, à l'abri des vrais fracas de la Terre. De l'évasion sans plaies ni bosses. Il s'est offert un peu d'espace vital pour déguster ses lectures et ses souvenirs en étendant les jambes à son aise.

– Voulez-vous un jus de fruits, une coupe de champagne… ?

Une hôtesse de l'air se penche vers lui. Ce n'est pas la première fois depuis le départ de Paris.

– Un jus d'orange, s'il vous plaît.

L'hôtesse a beau être stylée et attentionnée, elle n'a pas deviné l'envie secrète du passager. Une envie réveillée par l'apparition entre les mains de sa voisine d'une tablette de chocolat noir à 85 %. S'il pouvait agrémenter ses lectures par ce petit bout de chocolat qui change un plaisir en un moment parfait…

Assurément, c'est une gourmande, cette dame un peu ronde, une personne qui sait voyager. Elle a lu dans le regard de son voisin.

– Votre BD préférée ?

Bien ! La gourmande a besoin de parler. Armand lorgnant sur les carreaux entre en conversation. Les choses avancent vite. Il a déjà recueilli des confidences. Elle est traductrice, mère de quatre enfants. Quand elle a appris qu'il est mathématicien, elle s'est empressée de lui avouer n'avoir jamais rien compris aux maths, et en souffrir. On lui a souvent dit qu'elle passait, elle qui aime les plaisirs de la vie, à côté d'émotions stimulantes, mais personne n'a réussi à l'initier. Armand se tâte. Va-t-il tenter quelque chose pour cette généreuse personne ? Il se lance. Comment déclencher une émotion ? En mettant en lumière un autre monde, justement.

– Votre tablette, par exemple, pourrait m'aider à vous donner un avant-goût des maths. Supposez que je vous demande quel est le moyen le plus économique de la découper en petits carreaux.

– Le nombre minimal de cassures pour y arriver ?

– Oui.

– Laissez-moi réfléchir…

Armand laisse sa voisine contempler sa tablette puis se mettre à couper une rangée de quatre carreaux. Et là elle s'amuse à réduire sa rangée en petits carreaux, mais reste perplexe.

– J'ai expérimenté avec une rangée de quatre carreaux, et j'ai constaté qu'il suffisait de trois cassures, dit-elle en lui tendant une nouvelle rangée.

– Effectivement. Si je prends cette rangée de quatre carreaux, dit-il joignant le geste à la parole, on voit qu'il suffit de trois cassures, mais on s'aperçoit aussi que, de toute façon, il faudra toujours exactement trois cassures pour réduire la tablette en petits carreaux.

– Oui. Mais pour ma grande tablette en entier ?

– Si vous me permettez, je peux essayer de vous guider. Votre tablette est de longueur 6 et de largeur 4, et il est plus difficile de réfléchir au problème dans ce cas particulier que dans le cas général où longueur et largeur peuvent être choisies à loisir.

– D'accord. Si je comprends bien, vous me proposez de remplacer un problème particulier par de nombreux autres ? Je suis désolée, mais en quoi cela va-t-il être plus facile ?

– L'intérêt d'avoir généralisé le problème initial, c'est que l'on peut maintenant prendre des tablettes plus simples, et c'est exactement le geste que vous avez fait en prenant une rangée de quatre carreaux. Manifestement vous avez compris ce qui se passe pour une tablette d'une seule rangée.

Elle fait un nouvel essai, puis réfléchit quelques instants.

– Ah oui, cela devient plus clair. Il faudra quatre cassures pour une rangée de cinq carreaux. Et ce sera pareil pour toutes les tablettes avec une seule rangée de carreaux : il faudra une cassure de moins que le nombre de carreaux.

– Très bien, vous comprenez vite. Maintenant je vous laisse réfléchir à ce qui se passe pour une tablette de longueur 2 et de largeur 2. (Armand savoure sa récompense en croquant un carreau à 85 %.) Vous verrez qu'au bout d'un moment, après avoir pris suffisamment d'exemples, vous allez comprendre le cas général.

– Chiche !

– Je préfère ne pas vous donner la réponse tout de suite, car l'un des plaisirs des maths est de chercher et de trouver par soi-même. Divulguer trop tôt la réponse gâche le plaisir.

La gourmande est ravie. Ses yeux brillent. L'envie de chercher la saisit. Il la laisse se concentrer sur le reste de sa tablette.

Va-t-il se rendormir, écouter de la musique ? La veille, il s'est téléchargé ce *Concerto n° 2 en* si *bémol majeur* sur les conseils d'un ami : « Tu pars au Chili, si tu as la chance d'aller jusqu'en Patagonie, c'est-à-dire au bout du monde, voilà la musique qu'il te faut. Sauvage, agitée et désolée, emporte ce Brahms. Tu me remercieras. »

Derrière le hublot semblent flâner des nuages blancs aux formes soporifiques, sortes de couettes géantes, légères, enveloppantes, des oreillers moelleux, douillets, aux arrondis irrésistibles. Armand essaie de s'abandonner au ronronnement des réacteurs, mais un autre bruit de fond, plus insistant, l'empêche de s'assoupir. C'est un rappel à l'ordre : une question récurrente installée depuis la veille au premier plan de ses préoccupations.

De sa mallette de voyage il sort, pour le relire une fois encore, le courriel qu'il a reçu de son ami Rodrigo, astronome à l'observatoire de l'Alma près de San Pedro d'Atacama.

Je dois te communiquer des observations astronomiques récentes et très intrigantes. Nous devrons peut-être tout remettre en cause. Il s'agit de spectres, un de tes sujets de prédilection, je le sais. J'ai absolument besoin de ton avis d'expert. Pas question de t'en dire davantage par courriel. Garde cela pour toi, avance ton voyage, viens le plus vite possible.

Rodrigo et Armand ont déjà collaboré avec succès à propos de quelques problèmes cosmologiques, c'est-à-dire portant sur le fonctionnement de l'Univers. « Tout remettre en cause » ! Armand sait que Rodrigo a une certaine tendance à l'hyperbole, mais quand même. Et puis, cette recommandation de silence, cette urgence…

Il est parti toutes affaires cessantes, sans rien expliquer à Charlotte, cette collègue physicienne du CERN, l'organisation européenne pour la recherche nucléaire, rencontrée récemment à l'IHES, l'Institut des hautes études scientifiques, installé à Bures-sur-Yvette, près de Paris. C'est là qu'Armand travaille habituellement. Il se sent légèrement mal à l'aise, car il a quitté la France sans lui donner de véritable explication, comme s'il filait à l'anglaise. Elle en a été sûrement choquée et blessée. En outre, à de légers signes, il a deviné qu'elle était engagée dans un processus stressant et peu catholique.

Armand fantasme depuis longtemps sur le désert d'Atacama : le désert le plus sec de la planète, au milieu duquel a été bâti cet observatoire si particulier.

La conjonction entre ses envies et l'invitation pressante de Rodrigo, c'est un « signe ». Armand, en bon scientifique, se veut rationnel. Cependant, il est aussi un peu superstitieux. Il ne croit pas vraiment aux signes, mais… il les enregistre.

Il en rêvait depuis des lustres de ces merveilleux ciels. Le message impératif avait suscité en lui une excitation métaphysique à la perspective de passer un mois entier au fameux observatoire. Il y verrait la Voie lactée à son zénith, des guirlandes d'étoiles, des rosaces, des guipures, des dentelles aux mille fleurs, des plumetis arachnéens, il connaîtrait des extases galactiques…

Il a pris la première place qui s'est libérée sur le vol Air France, ressentant comme vital ce besoin d'espace et de contact avec l'Absolu. Le charme de Charlotte ne fut pas facile à mettre entre parenthèses. Physicienne passionnée, elle a gardé une intrépidité d'adolescente. Chose curieuse, il ne lui traversa pas l'esprit que cette femme aurait pu, s'il l'avait mieux écoutée et mieux comprise, l'aider dans sa recherche. Et lui, qu'aurait-il pu lui apporter ? Surtout des doutes. Il avait peut-être eu peur de tomber amoureux…

Sa voisine le rappelle à la raison :

– J'ai bien essayé dans ma tête toutes les manières de découper une tablette carrée de quatre carreaux, je constate qu'il faut toujours trois cassures. J'ai aussi essayé avec une tablette rectangulaire de trois carreaux par deux, ce qui fait six carreaux au total : il faut alors cinq cassures.

– Quelle intuition avez-vous à ce stade ?

– Eh bien, avec quatre carreaux il faut toujours trois cassures, quelle que soit la configuration des carreaux, avec cinq carreaux il faut quatre cassures, avec six carreaux c'est cinq. J'aurais donc tendance à dire que le nombre de cassures est égal au nombre de carreaux moins un, mais je ne vois pas trop comment en être sûre dans tous les cas.

– Effectivement, reprend Armand, le mathématicien fait ici une constatation : dans tous ces exemples, le nombre de cassures est indépendant de la manière de procéder et est égal au nombre de carreaux moins un.

Voici comment il démontre que cela reste vrai dans le cas général : il va avancer comme on gravit une échelle. Il fait l'hypothèse que sa constatation est vraie, d'un point de vue mathématique, pour toutes les tablettes dont la taille, c'est-à-dire le nombre de carreaux, est plus petite que le nombre d'échelons, de marches, qu'il vient de gravir.

– Si je vous suis, j'ai atteint la sixième marche, puisque j'ai essayé toutes les tablettes jusqu'à six carreaux.

– Exactement. Et je vais vous expliquer comment on peut toujours passer à la marche suivante. Imaginons une tablette légèrement plus grande. Nous allons la casser en deux parties, peu importe où. Comme on a franchi les marches précédentes, on sait que pour chacune de ces deux parties le nombre de cassures est égal au nombre de carreaux moins un.

– Et si je vous suis toujours, on sait aussi que cela est vrai quelle que soit la manière de procéder dans chacune des deux parties.

– Oui ! Récapitulons. La tablette initiale peut se voir comme la réunion des deux parties que nous avons séparées. Des cassures, il en faut donc *le nombre de carreaux de la première partie moins 1* plus *le nombre de carreaux de la deuxième partie moins 1*, ce qui nous donne la somme du nombre de carreaux de chacune des parties moins 2. Or la somme du nombre de carreaux de chacune des parties n'est autre que le nombre total de carreaux de la tablette initiale. Mais n'oublions pas que nous avons au départ cassé la tablette en deux. Il faut donc ajouter cette première cassure au décompte, et là où nous soustrayions 2, nous ne devons donc plus retirer que 1. Finalement, on arrive ainsi au résultat final : il faut une cassure de moins que le nombre de carreaux de la tablette de départ. Cette manière de procéder en gravissant un à un les échelons est une méthode générale de démonstration qui s'appelle la récurrence.

– C'est fascinant. Mais il va quand même falloir que je joue avec ce truc de l'échelle pour me l'approprier.

– Cet exemple illustre la démarche du mathématicien. Un problème peut paraître compliqué à première vue, mais lorsqu'on a le bon point de vue, lorsqu'on pense juste, on arrive au résultat presque sans effort. On sait que pour votre tablette de longueur 6 et de largeur 4, il faudra toujours 23 cassures !

– Même si l'on n'a pas de tablette sous la main ! Vous devez avoir d'autres tours dans votre sac ! Vous travaillez sur quoi ?

Leur conversation est interrompue par l'annonce du début de la descente vers Santiago. Penser juste, pas toujours facile ! Armand reprend.

– Ce qui me tourmente, c'est ce qu'on appelle les « nombres premiers ». Les échelons de l'échelle que l'on gravit lors de la démonstration pour les tablettes, ce sont les nombres entiers : 1, 2, 3, 4, 5, 6... Et la liste continue indéfiniment. Parmi ces nombres, il y en a qui ne sont pas vraiment originaux, car on peut les obtenir en multipliant deux nombres plus petits. Et puis, il y a des nombres qui ne peuvent pas s'obtenir ainsi. Ce sont les premiers de leur espèce. C'est pourquoi on les appelle les nombres « premiers ». Pour nos tablettes, cela signifie que si le nombre de carreaux est un nombre premier, alors la tablette ne peut avoir qu'une seule rangée.

– On n'a donc jamais vu une tablette de chocolat digne de ce nom contenir un nombre premier de carreaux. Laissez-moi essayer : 3 est premier, mais 4 ne l'est pas. Et d'ailleurs tous les nombres pairs suivants ne peuvent pas l'être non plus. En revanche 5 est premier... et puis 7, mais pas 9. Et puis 11, 13, 17, 19, 23... C'est dur de percevoir une logique là-dedans à première vue !

– C'est cela ! Ce qui passionne les mathématiciens, c'est qu'aussi loin que l'on avance dans les nombres, il y aura toujours des « naissances » de nombres premiers.

Mais, effectivement, elles semblent se produire au hasard. On sait néanmoins que ces naissances se raréfient à mesure que les nombres comportent plus de chiffres dans leur écriture décimale. Si le nombre de chiffres double, la probabilité des naissances est divisée par deux.

– C'est incroyable que cela soit lié au nombre de chiffres !

– Le grand mystère : comment maîtriser l'aléa que l'on constate, aussi loin que l'on explore, dans la répartition de ces naissances. On appelle cela la répartition des nombres premiers.

– L'aléa des nombres premiers ! Passionnant, mais je suis surprise que ce soit encore un mystère, même à notre époque !

– Oui, c'est un problème qui a toujours résisté à l'esprit humain jusqu'à présent. Mais ne pas maîtriser cet aléa n'a pas que des inconvénients : on protège aujourd'hui la confidentialité des informations numériques à l'aide d'algorithmes cryptographiques dont la sécurité repose sur cette énigme.

– Je ne pensais pas en m'embarquant pour Santiago me faire offrir tant de grain à moudre !

Armand sourit à sa voisine et replonge dans son questionnement. Le message revient au premier plan. Selon Rodrigo, les spectres seraient son sujet de prédilection, sa passion prédominante. Ma foi, Rodrigo a peut-être raison… « Spectre », un mot riche de sens, inquiétant par son côté caméléon et bon à tout faire, fantôme à ses heures, propre à tous les emplois. Il rend encore bien des services en littérature, et, grâce à la physique, il a son rôle à jouer pour nous localiser dans l'espace.

Comment transcrire notre position dans l'espace de manière intrinsèque, sans autoréférence ? Si simple qu'elle paraisse, cette question n'est pas aisée à résoudre. Une réponse possible, pour spécifier un espace puis la localisation d'un point dans un tel espace, est, selon Armand, de nature « spectrale » ou, si l'on veut, musicale. Il s'agit de donner une gamme, la gamme de l'espace, les hauteurs de ses vibrations propres. Vibrations, musique, espace, opérateurs et pourquoi pas invariants, tout un vocabulaire, une étrange panoplie de magicien… et, bien sûr, spectre.

Armand reprend le bel enchaînement comme s'il s'obligeait à refaire ses gammes pour vérifier qu'il est toujours opérationnel. Chaque espace possède sa gamme mais elle ne suffit pas à le caractériser. En un point on perçoit l'espace ambiant comme un accord entre les notes de la gamme, un accord sur l'espace codé par sa musique, la musique des formes…

Il est tiré brusquement de son état obsessionnel par une sensation désagréable : son estomac se serre légèrement car l'avion traverse des turbulences. Contrarié, il sait que, pour aller de Santiago à San Pedro, il lui faudra voler dans un petit appareil inconfortable.

CHAPITRE 2

L'apparition

Quelques semaines auparavant, c'était l'esprit d'Armand qui tanguait en traversant des turbulences. Aux prises avec le diable de l'algèbre, le chercheur se débattait dans un état incertain, peu éloigné de celui d'acédie, cette tristesse spirituelle qui encombrait l'âme des Pères du désert, puis celle des moines, au Moyen Âge, sur les 3 heures de l'après-midi. Sa boussole était légèrement perturbée. Ce manque de confiance en lui, lié à la difficulté du problème auquel il avait peut-être eu tort de s'attaquer, avait fini par transformer cet obstacle en une obsession qui ne lui laissait aucun répit. Il avait failli perdre la foi du chercheur.

Possédant parmi ses anciens condisciples et amis quelques échantillons des activités les plus recommandables, il pouvait, selon les besoins, s'adresser au psychanalyste pour les affaires courantes, ou au prêtre pour les grandes occasions. Il caressa le projet d'une retraite à la Trappe, toute laïque, bien sûr, sans engagement de sa part et surtout sans obligation de résultat. Il y trouverait un luxe rare : le calme, le silence. Mais, à l'abri du monde et du bruit dans sa cellule, ne verrait-il pas empirer son état ? En effet, sur les 3 heures de l'après-midi…

Tout bien considéré, il se décida quand même pour une retraite de huit jours chez les moines. Il aimait les forêts du Perche, les vallons propres au recueillement. Dès qu'il pénétra dans sa chambre, à l'hôtellerie, il se sentit mieux, comme si l'exiguïté du lieu lui était bénéfique, à la manière d'une plante médicinale agissant à petit bruit. Il sentit que l'endroit lui permettrait peut-être de cerner ses problèmes. Moyennant quelques oboles, Armand partagea la vie monastique comme visitant. Il y prit goût d'autant plus facilement qu'il se dispensa des prières collectives, celles de jour comme celles de nuit, les plus perturbantes pour le métabolisme quoiqu'on ne risque plus d'y perdre son latin.

Les moines, exemplaires, accueillants, eurent la délicatesse de laisser leur hôte à sa solitude et à ses méditations. Armand découvrit près d'eux une qualité de silence rare, profond, à peine agrémenté du « susurrement des sandales ». Il était là pour tenter de retrouver la sérénité. Il fréquenta la bibliothèque avec délices. Il lut la vie d'Armand Jean le Bouthillier de Rancé, par Chateaubriand, avec gravité, s'amusa du prénom et se demanda combien de temps et d'expériences il avait fallu à l'abbé pour passer des fantaisies, des plaisanteries et des dentelles de l'hôtel de Rambouillet et du royaume de Tendre aux réalités de la Trappe et de la coule immaculée aux manches si longues.

Photographie du mathématicien Alexandre Grothendieck,
(1928-2014) prise en 2012 à Lasserre par Peter Badge.

Au réfectoire des visitants, il remarqua un vieux moine, plutôt un moine sans âge, frileusement dissimulé par son capuchon de bure posé de travers sur son crâne. Il n'appartenait pas à la communauté. Un homme aux yeux fragiles, à la charpente fatiguée, mais à la barbe imposante. C'était son sourire généreux et bon, presque juvénile, qui frappait le regard. Ce sourire en savait long sur les hommes et sur leurs problèmes. On aurait dit un sage à l'ancienne. Comment était-il arrivé là ? Il possédait sûrement quelques clés. Pourquoi pas celle des songes ? Et Armand se prit à rêver.

Il remarqua que ce moine, peut-être un capucin, avait toujours, dans sa large manche, le même livre. Il put, lui qui avait une excellente vue, en distinguer en partie le titre au moment du dessert :

« Les véritables motifs de la conversion de... »

Le parc du monastère est vaste. On y trouve des étangs, des bois, des pommiers et, au printemps des papillons, des fleurs, des abeilles. Armand y marcha beaucoup en songeant au moine qui couvait ce livre au titre trop précis. Sur les « obscurs chemins du Perche », il avançait, solitaire, grave, du pas décidé du voyageur sans nostalgie – cerveau surchargé de formules et d'opérateurs, jambes souples –, sous ses pieds aucun obstacle, seulement de jeunes fougères, une facilité ronronnante, presque la liberté. Presque.

Une nuit, rêve ou réalité, le vieux sage fait irruption dans la cellule d'Armand assoupi. Peut-être s'était-il trompé de porte en rentrant de la chapelle. Il ne semble pas surpris à la vue d'un homme allongé sur sa paillasse. Distraction ? Se penchant vers Armand, il murmure du ton assuré de celui qui sait et qui vient délivrer un message : « Suivre le motif... » Motif ! Un mot capable de tirer tout mathématicien de son sommeil, plus vite que s'il entendait : « Au feu ! » Un mot clé, une signature brevetée.

Le moine encapuchonné a déposé une sorte de carte de visite. Armand vient d'être témoin d'une apparition : le spectre en chair et en os, si l'on peut dire, d'Alexandre Grothendieck, réfugié dans une abbaye cistercienne vouée au silence et à la prière !

Ce génial mathématicien qui tranche sur tous les autres, notamment par sa méthode favorite pour résoudre les grands problèmes – ne jamais les attaquer de front mais plutôt les « laisser se dissoudre dans une marée montante de théories générales[1] » –, s'était mis volontairement, au début des années 1970, en marge de la communauté des mathématiciens, puis s'était retiré vingt ans plus tard dans un petit village des Pyrénées pour se consacrer à l'écriture. L'ampleur de ses théories et leur influence toujours grandissante sur le développement des mathématiques contrastaient avec la marginalité dans laquelle il s'était délibérément enfermé à la fin de sa vie.

Après un épisode de découragement, à la mort de sa mère en 1957, il avait traversé une période de créativité rayonnante et fait une découverte d'une portée hors du commun en mettant au jour le concept de « topos ». La notion d'espace joue un rôle central en mathématiques. On se le représente traditionnellement comme un ensemble de points, avec une notion de voisinage, de proximité, que l'on appelle une « topologie ».

L'univers des nouveaux espaces, les « topos », dévoilé par Grothendieck, est merveilleux autant par sa richesse infinie – il contient outre les espaces topologiques ordinaires quantité d'exemples de nature combinatoire – que par la manière totalement originale dont un espace est perçu : au lieu d'être mis au-devant de la scène, il reste dans les coulisses et ne se manifeste que comme un *deus ex machina*, qui introduit une variabilité dans la théorie des ensembles. Les acteurs sont les mêmes que dans les mathématiques ordinaires, ce sont les ensembles, munis de leurs structures familières, mais ils possèdent une variabilité nouvelle qui est due au topos et qui caractérise celui-ci. Ils dépendent d'un aléa. Ainsi, lorsqu'on travaille dans un topos, tout se passe comme si on manipulait des ensembles ordinaires, sauf que l'on ne peut plus appliquer la règle du tiers exclu, qui s'entend comme « pour toute proposition on doit accepter soit qu'elle est vraie, soit que sa négation est vraie ». Comme la situation dépend d'un aléa, on ne peut plus raisonner par l'absurde : un énoncé peut être vrai pour certaines valeurs de l'aléa, sans être vrai pour toutes. En revanche, tout raisonnement intuitionniste continue à marcher. Un topos apparaît ainsi comme une généralisation de la théorie des ensembles, dont il continue à satisfaire les propriétés essentielles, mais où la notion de « vrai ou faux » devient beaucoup plus subtile et nuancée. On y rencontre même la notion de « chemin vers la vérité », qui dépend du topos considéré. On a ainsi un exemple d'un concept, celui de topos, issu des mathématiques pures, dont la portée, ne serait-ce que par la subtilité qu'il introduit et formalise dans la notion de vérité, s'étend bien au-delà de son domaine d'origine.

Au matin, ayant complètement repris ses esprits, Armand resta très perplexe. Il se souvint que, justement, son obsession du moment n'était pas très éloignée des motivations de Grothendieck. Devenait-il fou ? Son séjour à Soligny était terminé. Il rentra chez lui.

Il y trouva le message de Rodrigo qui l'attendait. Sa lecture lui causa une joie immense, son tourment s'éclipsa, ce fut une véritable libération.

CHAPITRE 3

L'Alma

Le ciel est bleu au-dessus de l'Atacama, cet immense désert situé dans le nord du Chili. Le soleil brille, l'air est parfaitement limpide car il y fait sec, très très sec. Telles sont les conditions climatiques habituelles. On s'explique donc que l'endroit ait été choisi pour ériger cet observatoire astronomique époustouflant, le plus puissant du monde dans les ondes radio.

Armand sait quelle hâte a Rodrigo de lui parler de ses observations intrigantes, et quel plaisir il aura, lui aussi, à retrouver son ami pour discuter de ces spectres mystérieux. Mais il n'a pas voulu prendre le chemin le plus court, ni souhaité que son collègue vienne le chercher à l'aéroport : il a préféré prendre le vol pour Antofagasta, plutôt que le vol direct pour Calama. Il aime créer autour de lui comme un halo protecteur de temps, rien qu'à lui, dont il dispose pour réfléchir en paix. Il préfère repasser dans sa tête l'énigmatique message de Rodrigo, en savourer le mystère, construire des hypothèses, réfléchir, faire fonctionner son imagination, jouir de cet état de questionnement le plus longtemps possible, envisager toutes les potentialités contenues dans le courriel de son ami, dans la façon dont il s'exprime, avec l'espoir d'annoncer pas peu fier à son arrivée : je crois savoir ce qui se trame !

D'ailleurs, il souhaite découvrir le pays en prenant son temps et en empruntant les moyens de transport locaux pour avoir un contact avec les habitants : quand on débarque chez les descendants des Incas, on essaie de les côtoyer !

Dès la sortie d'Antofagasta, on est déjà dans le désert. De l'autocar on ne voit que des pierres, rien que des pierres. À Baquedano commence une longue ascension par une piste minière, non goudronnée, la route B385 qui culmine à 2 900 mètres. Après plusieurs heures en altitude au milieu d'une palette d'ocres raffinés, surprenants, le paysage devient somptueux. Un soleil agressif inonde le Salar, cet ancien lac immense, mort de soif et devenu une généreuse réserve de sel et de lithium. Tout est sec. Pourtant, une surprise attend Armand. Au loin, dans une lagune, il distingue comme de nombreuses colonies d'oiseaux à l'allure d'échassiers. Il regarde émerveillé. Un mirage : « Évolution temporelle de vecteurs roses dans l'espace de Hilbert », autrement dit des flamants roses. Il se demande si le soleil et l'altitude ne lui jouent pas des tours.

Assis à côté de lui dans l'autocar, un vieil Indien au visage jovial l'observe depuis un moment, sans essayer d'engager la conversation. Les touristes ne l'intéressent pas, il est même méfiant à leur égard.

Lisant la surprise et surtout l'émerveillement dans les yeux de son voisin, il lui sourit. Dans une langue en grande partie espagnole pimentée de mots superbes aux sonorités saugrenues mais douces, peut-être du quechua, le parler des origines, il explique avec des mimiques étudiées et des gestes plutôt cocasses – il doit briller dans les veillées familiales – qu'il ne faut pas oublier de boire. Il tend sa gourde à Armand, aux anges, qui absorbe les explications du vieil homme avec un plaisir d'initié.

Au loin, on aperçoit des sommets enneigés et des volcans. Le fameux Lascar peut se réveiller à tout moment. C'est grisant, le pays est habité, plein d'âmes.

À San Pedro d'Atacama, Rodrigo n'est pas au rendez-vous. Il est, au dire de son assistant Arturo envoyé à la rencontre du visiteur, retenu par « des problèmes qu'il faut traiter dans l'urgence ». Très contrarié, Armand se dit que Rodrigo a peut-être été vexé qu'il ait pris le chemin des écoliers par Antofagasta. Arturo reste muet sur les problèmes de son directeur de recherche.

L'Alma se situe à peu de kilomètres, et les choses sérieuses commencent là.

– Alma, oui, bien sûr, c'est l'âme en espagnol. On sent des restes d'animisme chez les autochtones, lance Armand.

Arturo le laisse un peu divaguer dans ses notions approximatives d'ethnologie, juste le temps qu'il s'habitue à l'altitude qui augmente.

– Alma signifie : Atacama Large Millimeter Array. Nous sommes sur la piste de Chajnantor, et nous allons nous arrêter au camp de base à 2 900 mètres d'altitude, à 15 kilomètres de San Pedro.

– 2 900 mètres d'altitude, c'est haut !

– Le joyau, le merveilleux télescope, se situe lui à 5 100 mètres. On n'y accède pas comme on veut. Il faut subir un test médical. On vérifie la tension et le taux d'oxygène dans le sang.

– Je suppose que vous y êtes déjà monté… Rodrigo aussi, bien sûr.

– Oui, oui.

– Est-ce vraiment indiscret de vous demander pourquoi votre patron n'a pas pu venir à ma rencontre ? Des problèmes familiaux ?

– Je ne pense pas…

– Pourquoi ne l'ont-ils pas installée plus bas, cette merveille de télescope ?

– D'abord, ce n'est pas vraiment un télescope. C'est gigantesque, soixante-six antennes, un milliard d'euros ! En réalité, c'est un télescope virtuel.

– C'est bizarre pour un observatoire d'avoir des antennes à la place des yeux !

– Vous savez que nous percevons les zones les plus lointaines de l'Univers en décomposant la lumière qu'elles émettent en longueurs d'onde différentes ? On obtient des raies noires caractéristiques sur un fond arc-en-ciel. On appelle cela un spectre.

Ce type récite son texte de visite guidée, pense Armand. Il fait l'intéressant mais il ne répond pas à mon inquiétude sur Rodrigo.

– Oui, et d'ailleurs les spectres des galaxies sont décalés vers le rouge, c'est ce qu'on appelle le « *redshift* ». Il s'agit de l'analogue pour la lumière de l'effet Doppler, le décalage vers le grave des sons émis par une source qui s'éloigne à grande vitesse. Quand un spectre est décalé vers le rouge, cela signifie que la source de lumière s'éloigne de nous. Nous savons ainsi, rien qu'en étudiant le spectre de leur lumière, que les autres galaxies s'éloignent de la nôtre.

– Pas toutes…

– Oui, je sais que certaines galaxies « proches » ne s'éloignent pas de nous et que, pour celles-là, on n'aura pas de décalage. J'avoue que je n'ai jamais eu l'occasion de voir un spectre vraiment décalé. Pourtant, moi et les spectres on s'entend bien !

– Regardez l'image qui pendouille sous le rétroviseur, qu'est-ce que c'est d'après vous ?

– Ah, c'est génial ! On voit bien que le fond lumineux ne change pas et que ce sont seulement les raies spectrales qui se décalent clairement vers le rouge !

– Les antennes sont là pour aller plus loin vers l'infrarouge. On ne peut limiter les observations à la partie visible du spectre. Il faut capter les ondes radio, c'est-à-dire une partie non visible du sceptre. Pardon, du spectre.

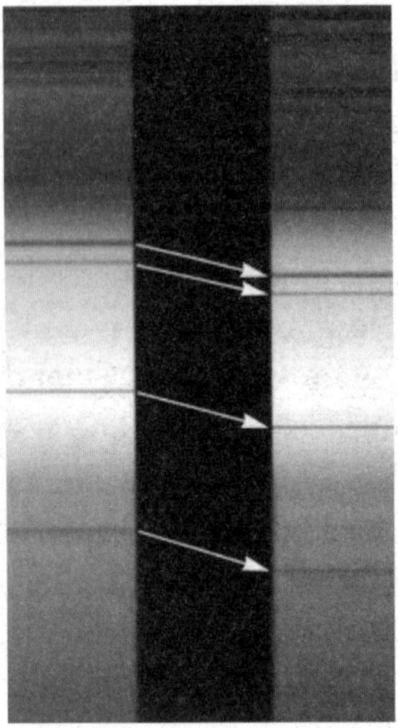

Redshift : décalage vers l'infrarouge (ici vers le bas)
des raies spectrales (raies noires) d'un objet s'éloignant
à très grande vitesse.

Beau lapsus ! pense Armand. Il n'a visiblement pas l'endurance d'un vrai guide, et bien peu de résistance au mimétisme. Il vient de pénétrer dans le premier cercle de mes préoccupations.

– Ce sont les radiotélescopes qui s'en chargent, là-haut. Mais je ne verrai rien puisqu'il n'y a pas de vrai télescope, n'est-ce pas ?

– Patience, patience dans l'azur, comme on dit tous ici. Les soixante-six antennes sont parfaitement synchronisées.

La totalité des ondes captées par la surface de chaque antenne permet d'analyser d'infimes détails qu'aucun télescope, pas même le télescope spatial Hubble, ne peut détecter.

– Et qui fait les calculs ?

– Un superordinateur recombine les images de la portion du ciel observée par chaque antenne, et on a parfois de grosses surprises à l'arrivée.

– Diable ! Alors vous assistez à des naissances d'étoiles, à la formation de systèmes planétaires ?

– Oui, nous venons d'observer un disque brillant autour d'une jeune étoile, née il y a à peine un million d'années et située à 450 années-lumière de la Terre. On y voit pour la première fois des zones sombres concentriques, qui sont probablement dues à des planètes en formation.

CHAPITRE 4

L'absent

La montée se termine en arrivant au camp de base.

– Je vais vous installer, vous allez pouvoir prendre une douche, mais, un conseil, essayez de ne pas vous endormir – luttez – je vous présenterai les collègues au dîner.

– Tout de même, c'est Rodrigo que je voudrais voir, le plus vite possible. Où est-il ?

– Comme je vous l'ai dit, il a un empêchement. Le directeur va venir vous voir, il vous en dira plus.

Armand jette un bref regard sur l'ensemble des bâtiments. Il ne s'attendait pas à un choc esthétique. À peine entré dans son studio, il reçoit la visite du directeur, un homme trapu, pas souriant du tout, à la peau parcheminée, craquelée. Ce n'est pas une maladie de peau, les autres chercheurs présentent les mêmes caractéristiques sauf les nouveaux arrivants.

– Monsieur Lafforet, je vous souhaite la bienvenue à l'Alma ! Je sais que Rodrigo devait aller vous chercher à l'arrivée du car. Il a eu subitement un malaise, et le médecin du centre a détecté un problème cardiaque nécessitant une hospitalisation. On l'a transporté au petit hôpital de San Pedro en hélicoptère.

– Je suis désolé. On ne m'a donné aucune explication !

– Pour ne pas vous affoler et vous gâcher le voyage.

Quelle délicate attention, pense Armand exaspéré.

– Est-ce que vous en savez plus ?

– Rien pour l'instant, on doit lui faire subir des examens, mais on espère qu'il nous reviendra vite.

– J'aurais pu m'arrêter à San Pedro, et passer le voir à hôpital si on m'avait prévenu !

Le directeur regarde sa montre d'un air désolé. Armand pense qu'on l'a empêché de voir Rodrigo. On lui cache des choses, sans doute en rapport avec les observations mystérieuses de son ami… Quelle découverte avait-il faite à l'observatoire ? Ce devait être déroutant, très intrigant en effet pour exiger le silence. Y aurait-il danger à trop parler ?

– Le dîner est à 20 heures, vous y ferez la connaissance des collègues de Rodrigo. Vous verrez, ils sont accueillants et charmants. Je vous laisse, à tout à l'heure.

Rodrigo hospitalisé pour un problème cardiaque, c'est vraiment sérieux ! Quelle malchance, se dit Armand. Ce malaise n'est-il pas dû aux conditions de vie particulières de cet endroit, certes extraordinaire mais exigeant pour un organisme de plus de 50 ans ? Comme le mien d'ailleurs. Les spectres seraient-ils mauvais pour le cœur ? Que faire pour Rodrigo, sinon attendre des nouvelles plus précises ?

Au dîner, inquiet, désirant rendre visite au malade pour le réconforter et l'écouter, Armand demande si quelqu'un peut le conduire au petit hôpital. La réponse est catégorique : « Nous venons d'apprendre que votre ami a dû être transféré au service cardiologique de l'hôpital de Santiago ; c'est un très bon service, il sera très bien soigné, son état devrait s'améliorer. En attendant, impossible de le contacter. »

Décidément, on essaie de me cacher quelque chose. Ils ont l'air d'accord entre eux. Armand se résout, malgré tout, à s'installer et à suivre le programme prévu, conférences, discussions, comme si de rien n'était. Il travaille habituellement dans des instituts de mathématiques et de physique ; pour la première fois de son existence, il va vivre comme les spécialistes du ciel, se colleter aux spectres des galaxies lointaines, perçues en ondes millimétriques par les soixante-six grandes oreilles. C'est bizarre d'écouter le ciel ! Indiscret ?

Il va essayer de fouiner discrètement dans l'espoir d'en apprendre plus sur l'origine du courriel de Rodrigo.

Au camp de base, que l'on appelle l'OSF (*operations support facilities*, « installations de soutien aux opérations »), les astronomes n'ont rien de caricatural. Ils mènent une vie équilibrée, conciliant le précieux temps consacré à l'observation et à la recherche avec leur vie familiale et sociale, en vase clos. Les seuls journaux disponibles sont des journaux locaux.

Les premiers jours, Armand joue le jeu et pratique toutes les activités proposées dans ce lieu unique. Il ne cesse de se répéter : cette fois j'y suis, au milieu des étoiles. De ma vie je n'en verrai pas plus. Je ne les verrai jamais mieux.

Une nuit, emmitouflé dans un double duvet quechua, il décide de s'offrir un spectacle magique. Il en a tellement rêvé, de ces étoiles pas comme les autres. Il va s'émerveiller de leur brillance et soutenir leur regard fixe. La galaxie tient ses promesses et réussit à endormir les tourments du scientifique, qui patientent dans l'arrière-pays de sa conscience, amortie, désactivée. Mais quand le froid devient plus intense avec l'aube, Armand est saisi par une expression qui flottait dans l'air sec : spectacle à couper le souffle. Le souffle, sans doute ce qui a manqué à Rodrigo. Son état n'évolue pas, il a fait, paraît-il, un AVC et se remet difficilement. Le message resurgit :

> **… des observations astronomiques récentes et très intrigantes… Il s'agit de spectres…**

CHAPITRE 5

Chajnantor

Les astronomes du centre sont cordiaux… et distants. On a mis à la disposition du nouveau venu un studio et un bureau minuscules, mais il n'arrive pas à établir le moindre contact, ni scientifique ni amical. En fait, il a réalisé que Rodrigo est en conflit avec la plupart de ses collègues et, maintenant qu'il est absent, Armand hérite de ces antagonismes.

Rodrigo avait planifié pour lui deux conférences. Lors de la première, quelques jours après son arrivée, il est présenté par l'adjoint du directeur, ce dernier étant, lui, retenu par des obligations administratives. Armand se dit qu'il a de la chance en voyant s'avancer devant l'auditoire un homme jovial, élancé, aux yeux pétillants, apparemment beaucoup plus chaleureux que le patron. La déconvenue est à la mesure du topo d'introduction, interminable. Entendant défiler les principales marottes du grand escogriffe, l'assistance commence à s'impatienter. L'agacement gagne Armand quand il voit trois astronomes quitter la salle discrètement, pliés en deux comme des moines encapuchonnés tentant de sécher la messe. La salle bâille derrière les écrans d'ordinateurs portables, de mauvaises ondes circulent. Dégoûté, il se demande comment Rodrigo peut supporter de travailler dans cette atmosphère conflictuelle. Avant d'avoir ouvert la bouche, il se sent rejeté, comme un intrus. Il dérange. C'est évident. Mais qui dérange-t-il ? que dérange-t-il ?

Pour échapper à la déception de son premier laïus, Armand se réfugie dans une idée fixe qui l'isole forcément : grimper là-haut, à 5 100 mètres, pour voir, voir le paysage, les oreilles, le tout, le beau... Entendre le ciel !

Le médecin lui a conseillé d'attendre encore avant de se lancer dans cette expérience inoubliable. Il traîne dans son bureau pour consulter ses courriels ou faire avancer un article. Il prend le thé à la cafétéria, où il découvre qu'à l'Alma comme ailleurs, on se préoccupe de résultats à publier le plus vite possible, de rencontres à organiser, de promotions, de postes à briguer, et même de manque de personnel. Rien de nouveau sous les étoiles. Il ne les oublie pas les étoiles. Peu à peu elles jouent presque un rôle de dérivatif à une idée baroque qui s'insinue dans son esprit : il est arrivé et Rodrigo est tombé malade, comme un fait exprès.

Tous les matins, il fréquente la salle de sport pour améliorer son rythme cardiaque. On lui laisse entrevoir la grande aventure pour la semaine suivante. Il s'entraîne, se fait faire toutes les analyses possibles. Enfin un jeudi, muni de sa précieuse bouteille d'oxygène et accompagné d'un infirmier chargé de mesurer régulièrement son taux d'oxygène dans le sang – c'est le protocole – il se lance.

On les achemine là-haut doucement, par paliers, sur 28 kilomètres. Tout se passe bien.

Oui, le spectacle est fantastique sur le plateau de Chajnantor. Un monde de science-fiction apparaît. Toutes ces antennes alignées, à l'écoute, sont-elles bienveillantes ? Et si elles attiraient des extraterrestres, à force de vouloir tout capter ? Quel tribut faudra-t-il payer aux dieux qui vivent au-dessus, parasités par la science ? Armand, qui subit un léger vertige, retrouve l'inspiration :

Exaspéré, jailli d'un sol trop cérébral,
Assailli constamment d'un problème rebelle,
Fatigué de gravir l'interminable échelle,
Je viens me réfugier en ce monde idéal.

Je viens poursuivre ici, changement radical,
Ce que mûrit l'Andin dans cette citadelle.
Ces antennes d'acier, telles des sentinelles,
Font pâlir tous les feux du monde occidental.

Mais que diront les dieux, les dieux de l'Amérique,
S'ils se sentent scrutés par nos yeux impudiques ?
Voudront-ils assouvir notre curiosité ?

Vers le ciel violet élevant mon visage,
Sur cet âpre plateau baigné de pureté,
Humblement, longuement, j'attendrai leur message.

Les radiotélescopes de l'observatoire d'Alma
sur le plateau de Chajnantor au Chili.

(© Alma (ESO/NAOJ/NRAO), W. Garnier/European Southern Observatory/SPL/Cosmos.)

Puis Armand commence à tenir des propos incohérents : Rodrigo va monter au ciel sur un tapis roulant d'étoiles naines. Vite, ouvrir la bouteille d'oxygène et respirer, respirer, rentrer d'urgence. Essoufflé, blême, il a soudain une vision. C'est un flash, l'état de Rodrigo va empirer, il n'aurait pas dû venir taquiner son âme. Il lui suffit de redescendre pour retrouver ses esprits et guérir de son délire. Du moins le croit-il.

Deux jours plus tard, il se réveille en pleine nuit avec un léger mal de tête. Sûrement l'altitude, cette maudite altitude. Boire un peu d'eau, faire quelques pas.

La splendeur du ciel est à portée de regard. Il suffirait de sortir, de lever la tête. Non ! Armand se sentirait nargué par une beauté qui le dépasse. Faut-il accepter de ne pas tout comprendre, d'admirer sans savoir ? Le voilà traversé par des questions dangereuses, symptômes avant-coureurs de la dépression du chercheur. Un scientifique ne se protège pas, ne renonce jamais. L'ascension aux oreilles a réveillé de mauvaises vibrations.

Pas de nouvelles de Rodrigo. La perspective d'un week-end sans programme précis ne fait qu'accentuer son abattement. Il supporte de moins en moins la sécheresse et ce ciel… Il a soif. Le ciel même pas bleu – violet – paysage décoloré, presque blanc. Le monde a l'air de mourir. Le soir, immobilité surnaturelle, et ces étoiles qui ne scintillent pas ; l'air est si transparent qu'elles brillent sans clin d'œil. Elles le fixent, l'agressent, c'est déstabilisant. Sans qu'il y prenne garde, les merveilleuses immensités se sont imprégnées d'un charme maléfique.

Machinalement, il consulte son courrier électronique et n'y découvre que des courriels de routine. Boîte de réception, boîte de réception… c'est plutôt boîte de déception ! Bien la peine de venir à 6 000 kilomètres de l'Europe pour y retrouver les rappels à l'ordre de son gestionnaire de tâches : un article à remettre avant le 30, dernier délai, terminer sa déclaration d'impôts – zut et zut ! Et souhaiter son anniversaire à cette vieille et brave copine recyclée en confidente.

Il s'oblige à lire trois courriels : le premier envoyé par une vague connaissance lui demande une lettre d'appui pour une candidature à un poste professoral. Le deuxième exige de façon péremptoire un rapport concernant deux mémoires, lesquels sont joints au message. Armand connaît les auteurs, qu'il estime peu, et les sujets, qui ne l'intéressent pas. Le troisième lui propose de faire une série de conférences à Nouakchott. Pour les déserts, j'ai déjà donné, songe Armand. Il en arrive un quatrième : une offre de participation à un colloque sur la sérendipité dans les textes scientifiques avant notre ère. Une vraie crise d'angoisse s'annonce, que seul un message de Charlotte aurait pu court-circuiter.

CHAPITRE 6

L'échappée

Le lendemain matin, toujours un peu migraineux, Armand se traîne en direction de la bibliothèque, passe devant un bureau dont la porte est ouverte, et là, quelqu'un l'interpelle :

– Monsieur Lafforet !

C'est Paola, la blonde secrétaire de Rodrigo.

– Je suis désolée, monsieur Lafforet. Je ne parviens pas à organiser l'horaire de votre seconde conférence. Tout le monde fait preuve d'inertie et me laisse tomber.

Puis, consciente qu'elle a peut-être gaffé, elle tente de se rattraper.

– Vous comprenez, la panne informatique perturbe grandement tous les services.

Armand fait un geste d'indifférence et lui demande :

– Avez-vous des nouvelles de Rodrigo ?

Paola le regarde en battant des cils.

– J'ai téléphoné, mais… vous connaissez les médecins. Je crois que son état est stationnaire.

Nouveau geste, navré cette fois, d'Armand qui sort du bureau.

Donc, pense-t-il vaguement, pas besoin de préparer ma seconde conférence. D'ailleurs, visiblement, personne ne s'y intéresserait. Poussons jusqu'à la bibliothèque, où je finirai la lecture commencée hier... Bien ennuyeux cet article ! Tout m'ennuie et conspire à me nuire ! Même l'excursion que j'avais projetée dans le désert. Et pourtant, quels paysages grandioses, sauvages, avec la cordillère à l'horizon... Cette Paola n'est pas mal, elle a l'air abordable.

Armand se morigène. Il repense à Charlotte. Charlotte, restée au CERN, et qui lui semblait, d'après ses derniers courriels, un peu cafardeuse, engagée dans une affaire mystérieuse.

Finalement, il renonce à sa lecture et décide d'aller faire la sieste dans son studio. Mais il se sent tellement dégoûté qu'il abandonne son idée de sieste. D'ailleurs il n'a pas sommeil. Repassant devant le bureau de Paola dont la porte est toujours ouverte, il entend de nouveau :

– Monsieur Lafforet !

La secrétaire lui sourit, agitant une feuille imprimée des deux côtés.

– J'ai oublié de vous faire signer votre ordre de mission.

Elle semble contente d'elle. Armand lui rend son sourire, saisit la précieuse feuille, fait mine de la lire attentivement et plaisante sur le vocabulaire des documents administratifs. Cette interruption momentanée dans son travail arrange bien Paola, contrariée par les nombreuses erreurs de son logiciel de traitement de texte.

– Vous êtes la secrétaire de Rodrigo depuis longtemps ?

– Depuis son installation ici, il y a deux ans.

– Ce doit être agréable de travailler avec lui. Il prend la vie du bon côté, il est si drôle !

– Cela ne l'empêche pas d'être un bourreau de travail, très rigoureux ! Drôle, il ne l'était plus du tout ces derniers temps. Du jour au lendemain, il est entré dans une phase d'excitation, voire d'agitation.

Elle ajoute même « *espantado* », un mot espagnol dont Armand n'est pas certain de bien comprendre le sens. Elle se lève et ferme la porte.

Quelques minutes plus tard, Armand sort du bureau très troublé. Il vient d'apprendre des choses qui ne lui plaisent pas du tout. Mise en confiance par l'empathie d'Armand pour son ami, Paola lui a révélé que Rodrigo est dans le coma, état stationnaire. Elle lui a même parlé du procès-verbal qu'elle était en train de corriger, concernant la dernière réunion très récente du comité directorial de l'observatoire. Des pages et des pages témoignant d'un conseil scientifique houleux, bavard. Armand s'est arrangé pour en lire une bonne partie. Rodrigo demandait qu'on interrompe le sondage Altsagal de la Voie lactée, et que l'on redéploie les soixante-six antennes dans une direction bien précise. Il prétendait avoir une raison impérative, mais refusait de donner plus de détails. Sa demande avait été rejetée à l'unanimité et ses arguments ridiculisés. On était même allé, semble-t-il, jusqu'à mettre en doute ses compétences scientifiques en l'accusant de ne se préoccuper que de ses marottes. On a dépassé les bornes ! Rodrigo, en sanguin extraverti, a choisi l'attaque cérébrale… Il a fait un AVC à la sortie du conseil scientifique, au cours d'une violente altercation avec le grand chef. Les mots « impossible », « fou », « extravagant », « ruineux » dans la bouche de ce dernier avaient, semble-t-il, répondu à ceux d'« exceptionnel », « unique », « extraordinaire », « vital » dans celle de Rodrigo. Paola avait même saisi à la fin : « C'est vous qui êtes anormal ! », mais elle ne l'aurait pas juré tant elle était bouleversée.

Abasourdi, Armand déambule autour de son bungalow. Rodrigo cache quelque chose de crucial, d'explosif, pour que malgré les circonstances il n'ait pas voulu en parler ! Son message mentionnait un spectre, c'est de ce côté-là qu'il faut chercher… mais aucune aide à attendre de ses accueillants et charmants collègues !

Après quelques pas dehors, il aperçoit Felipe, le gardien du complexe. Bonne surprise ! Car Felipe, un Amérindien trentenaire, est le seul aux environs avec lequel il entretient des conversations agréables. Elles lui ont d'ailleurs permis d'apprendre des choses passionnantes sur l'Atacama. Plus surprenant, Felipe s'intéresse aux travaux de l'observatoire, aux étoiles, à l'Univers ! Il questionne Armand. Des questions naïves, certes, derrière lesquelles on devine des lectures de vulgarisation plus ou moins orthodoxes –, mais des questions qui prouvent une grande curiosité intellectuelle.

Ce Felipe a toujours vécu dans le nord du Chili. Pêcheur de son métier, il ne travaille à l'observatoire que depuis quelques mois, et Armand ignore les raisons de ce changement de vie. Felipe semble réticent dès que la conversation s'oriente vers sa famille.

Armand comprend l'espagnol. Toutefois, l'accent chilien, très différent de l'accent madrilène, l'oblige à quelques efforts d'attention. Aujourd'hui, le gardien paraît furieux.

– Tes collègues astronomes sont tous des racistes ! Il n'y a que toi qui me considères comme un être humain. Les autres ne me parlent pas.

Armand sait que le milieu scientifique souffre de nombreux défauts, mais que le racisme y est rare.

– Non, Felipe, ils ne sont pas racistes. Simplement, ils sont tellement absorbés par leur recherche qu'ils ne prennent pas le temps de trouver les mots, les images, pour rendre accessible ce qu'ils font.

– Peut-être… de toute façon, c'est insupportable !

Un peu ragaillardi par cette rencontre, Armand retourne au centre. Il faut continuer à marcher, mais à l'intérieur. Le froid trop vif finirait par le glacer pour de bon. Que redoute-t-il vraiment ? Il repense à Rodrigo – état stationnaire. Puis il s'abîme dans de noires réflexions et voit resurgir le spectre de ses angoisses sur la concomitance des événements. À table, il s'oblige à prendre part aux conversations. Ils disent tous que pour les problèmes cardio-vasculaires il n'y a pas de risque zéro et que personne ne pouvait prévoir l'accident de Rodrigo. C'est un impondérable, un phénomène aléatoire. Mais Armand est un anxieux, « qui se laisse conter fleurette par les signes ». C'est ainsi qu'un ami psychanalyste l'avait catalogué par plaisanterie. Il faisait référence, sur un ton docte, à une nouvelle classification des névroses, et lui avait déclaré :

– Toi, mon vieux, on peut te rattacher à la grande famille des sensibilisés aux phénomènes de synchronicité troublante, un groupe qui compte de plus en plus de membres depuis que François de Volnay a publié thèse, articles et études de référence là-dessus.

Armand, troublé, avait esquissé une ombre de sourire et s'était empressé d'oublier cette classification.

Retour à l'intérieur du camp. Ces corridors à peine éclairés, couverts de panneaux de liège sur lesquels s'alignent des affiches annonçant rencontres, congrès, symposiums, conférences, il les a vus partout. Partout les mêmes Post-it, la même glu, les mêmes plis des affiches, les mêmes punaises. Et ces dates, toujours des dates à retenir que l'ordinateur va recracher le moment venu, prévu. Des rappels à l'ordre… Des programmes, des listes, des titres, des noms – des prénoms aussi –, mais pas de Charlotte… Avec cette femme, il n'avait pas été à la hauteur en interrompant leur relation au moment où elle avait tant de choses importantes à lui expliquer. Il ne devait pas s'attendre à un signe d'elle. Il avait dû la blesser avec son besoin de grands espaces. Une fois de plus, il ressent combien la liberté coûte cher, et en ce moment précis aucune petite voix secourable n'objecte dans sa tête douloureuse : mais elle n'a pas de prix, la liberté !

Dans la soirée, Felipe passe devant la fenêtre ouverte du studio d'Armand.

– J'ai fait ma ronde de nuit des studios inoccupés. Certains de tes collègues sont très négligents, l'un d'eux avait même laissé sa cuisinière allumée ! Dans le bureau de ton ami Rodrigo, j'ai trouvé ce dossier et j'ai pensé qu'il t'était destiné.

Il s'agit d'une chemise en carton fort sur laquelle Rodrigo a écrit : « À Monsieur Armand Lafforet. »

Armand ouvre la chemise. Il y cherche en vain un message pour lui. Elle contient trois documents. Le premier est une photographie, plus précisément l'image d'un spectre. Armand fronce les sourcils. Ce spectre comporte au moins une cinquantaine de raies, disposées de manière irrégulière : tantôt espacées, tantôt serrées. Ce n'est apparemment pas le spectre d'un corps simple, ni même d'une molécule élémentaire, car il ne rappelle rien au scientifique. Est-ce là l'une des « observations récentes et très intrigantes » que mentionne le courriel de Rodrigo ?

Le deuxième document est une page couverte d'une liste de nombres écrits à la main :

410,297, 415,11, 419,232, 425,138, 433,721, 437,944, 445,759, 448,349, 454,586, 463,76, 468,17, 471,891, 478,839, 484,31, 491,756, 496,65, 502,324, 504,752, 515,148, 519,137, 524,149, 529,9, 534,472, 541,277, 549,201, 551,353, 556,195, 562,693, 570,448, 573,576, 580,069, 584,855, 588,238, 597,891, 601,541, 606,58, 610,16, 617,621, 622,582, 628,864, 633,786, 637,348, 642,168, 650,777, 655,671, 657,797, 665,451, 668,351, 675,594, 681,286, 686,968, 689,157, 694,226, suivie du symbole « nm ».

Le troisième document est également manuscrit. On y lit : *raies d'absorption, extrêmement fines, sans épaisseur apparente, presque indiscernables – raies du soufre ?*, puis une date : *15 août 1977*, et un code : *6EQUJ5*. En bas de page un dessin représentant une caricature du directeur sous la forme d'un animal chimérique.

Felipe, qui observait silencieusement, reprend d'un ton décidé :

– J'en ai assez d'être ici. Je vais retourner à ma bicoque au bord de l'océan !

L'océan… Quel mot magnifique quand on a soif ! « Bicoque » n'est pas mal non plus dans un autre genre. Armand se sent revigoré. Il a besoin d'un endroit tranquille, sans aucun scientifique morose à la ronde pour réfléchir aux trois précieux messages de Rodrigo. Guilleret, il se dit : trois, comme dans ce roman de

Jules Verne que j'avais dévoré : *Les Enfants du capitaine Grant* ! La cabane est sûrement déglinguée, mal organisée, chaleureuse. Un refuge. Surpris, homme des décisions rapides, il cède à une brusque impulsion.

– Et si je partais avec toi ?

De sa vie mouvementée, Felipe, lui, avait appris la sagesse et l'art de s'adapter. Il devine qu'Armand sera un compagnon de voyage agréable, et il accepte avec joie sa proposition.

– D'accord, Gringo ! Il faut démarrer de bonne heure demain matin, ainsi personne ne viendra nous demander nos raisons. Nous irons vers l'ouest, je connais les chemins. En marchant bien, nous atteindrons avant la nuit une petite cabane où nous pourrons dormir. Le désert est très froid la nuit. Puis nous marcherons plusieurs jours jusqu'à Calama, et là nous prendrons un bus. La côte du Pacifique ne sera qu'à quelques heures.

Ni vu ni connu, je t'embrouille, se dit Armand, qui s'amuse déjà à l'idée de filer à l'anglaise.

CHAPITRE 7

Le spectre d'Atacama

Armand se sent allégé du poids des engagements. Puisque personne ne s'intéresse à lui, il partira sans explication. Il laisse derrière lui son équipement informatique et sa mélancolie. En outre, un accès de perversité et de rancœur contre ses collègues l'amène à se dire : Je vais leur mitonner un problème « à la Majorana ».

Majorana, ce génial physicien italien, disparu un jour de mars 1938. Quel fut son sort ? Aucune enquête n'a réussi à le savoir. Un suicide ? Ou peut-être un exil volontaire en Argentine ? En considérant ses travaux sur les particules et son caractère, on aurait pu le surnommer le « fermion libre ».

Armand, excité comme un gamin qui joue un bon tour aux adultes, rédige un message à l'intention du directeur de l'observatoire et le laisse en évidence sur sa table. Il sent qu'il va se rendre à une sorte de fête. Alors remonte à sa mémoire une promesse d'âge tendre. En lisant avec passion un autre roman de Jules Verne, *Le Phare du bout du monde*, dont l'action se déroule en Terre de Feu, il s'était juré de voyager loin, presque aux extrémités de la Terre, pour voir cet endroit perdu.

Improvisant son voyage au Chili, il s'était assuré que le phare existait toujours, puis il avait pris en considération le fait que des milliers de kilomètres séparent l'observatoire du phare, et qu'il serait trop occupé pour envisager une escapade là-bas. Mieux vaut garder ses rêves intacts, s'était-il dit frileux. L'amitié de Felipe vient de tout bouleverser et de dénicher au tréfonds de sa personnalité un goût un peu naïf pour l'aventure plein sud.

Le lendemain dès 6 heures, Felipe vient chercher Armand. Il a fallu emporter de grosses réserves d'eau. La marche dans le désert est épuisante. Felipe explique qu'à certains endroits il ne tombe une averse que deux ou trois fois par siècle, parce que la cordillère des Andes arrête les nuages venant du bassin amazonien. Il s'est instruit autant dans les livres que par le bouche-à-oreille. C'est un passionné de météorologie.

Un nom revient dans le dialogue et surprend quelque peu Armand. Humboldt par-ci, Humboldt par-là. À la longue, cela devient clair : il s'agit bien du savant allemand. Apparemment, Humboldt a visité la région, lui aussi. Il a donné son nom à un courant froid venant des zones polaires et longeant la côte chilienne, qui explique ces curieux phénomènes atmosphériques, ce temps gris, brumeux mais pas pluvieux. Le vent de mer, s'étant rafraîchi en survolant le courant froid, ne peut s'élever et former des précipitations. Ce désert, noyé dans le brouillard, est si sec qu'à Antofagasta la NASA

a mis au point des expériences destinées à l'étude de la planète Mars.

L'un des premiers soirs de leur marche, Armand sort de son sac à dos le spectre de Rodrigo pour le contempler, rêveur, à la lumière magique des myriades d'étoiles de la Voie lactée qui resplendit.

– C'est quoi ce grand rectangle ? On dirait les couleurs de l'arc-en-ciel ! dit Felipe en regardant l'image.

– Exactement ! Violet, indigo, bleu, vert, jaune, orangé, rouge. Oui, c'est bien cela, répond Armand.

– Je me suis toujours demandé d'où sortaient toutes ces couleurs de l'arc-en-ciel…

– Eh bien, quand la lumière du soleil, qui est ce qu'on appelle de la lumière blanche, traverse des gouttes d'eau, elle se décompose en rayons de diverses couleurs, qui sont déviés de manière différente. Dans certaines conditions, cela forme un arc-en-ciel.

– C'est pour cela qu'il n'apparaît que quand il y a à la fois du soleil et de la pluie ! Mais, attends, j'ai une question : est-ce que seules les gouttes d'eau peuvent ainsi décomposer la lumière ?

– Non, on peut y arriver autrement. Par exemple, avec un prisme, un bloc de verre taillé. C'est ce qu'a fait Isaac Newton au XVIIe siècle. Il a passé beaucoup de temps à étudier ainsi la lumière du soleil, et ces travaux lui ont permis d'identifier ce qu'on appelle les couleurs prismatiques : violet, indigo, bleu, vert, jaune, orangé et rouge, bref les couleurs que l'on connaît habituellement comme celles de l'arc-en-ciel.

– Mais, dis-moi, tu m'expliques que l'on peut « décomposer » la lumière blanche en une multitude de couleurs. Est-ce que cela veut dire que toutes ces couleurs sont en quelque sorte présentes, mélangées, dans la lumière blanche ?

– C'est exactement cela. D'ailleurs, on peut faire l'expérience inverse : en mélangeant toutes les couleurs prismatiques grâce à des instruments d'optique, on reconstitue la lumière blanche.

– Mais comment est-ce possible ?

– Pour comprendre, il faut savoir que ce que nous appelons une couleur est en réalité notre perception d'une longueur d'onde particulière de la lumière.

– D'une longueur d'onde ?

– Oui. Je vais t'expliquer... Tiens, imagine-toi sur la plage.

– Comme si nous étions déjà arrivés ?

– Si tu veux. Les vagues sont comme une onde, une vibration qui se propage sur la mer. Elles arrivent l'une après l'autre sur la plage, mais, tu le sais bien, d'un endroit à un autre, d'un moment à un autre, cette onde n'est pas la même. Si tu veux la caractériser, tu peux le faire à l'aide de trois données : la hauteur des vagues, par exemple 50 centimètres, la fréquence à laquelle elles touchent le rivage et se brisent, disons huit fois par minute, et la distance à laquelle elles se suivent les unes les autres, on pourrait dire 5 mètres. Cette dernière distance, c'est ce que l'on appelle la longueur d'onde. La vitesse de propagation de l'onde est le produit de sa fréquence par sa longueur d'onde.

– Je vois. Si je te suis bien, tu es en train de me dire que la lumière se comporte comme une onde ?

– Tu as parfaitement compris. De la même manière que les vagues, elle a donc une longueur d'onde. Et notre œil est très sensible à cette caractéristique.

– C'est donc cela, la couleur ?

– Exactement. Comme je te le disais, la couleur est notre manière de percevoir une longueur d'onde de la lumière. Par exemple, ce que nous appelons le bleu correspond aux longueurs d'onde situées autour de 480 milliardièmes de mètre, c'est-à-dire 480 nanomètres. Et donc, quand on superpose toutes les longueurs d'onde, on obtient du blanc. Cependant, nous ne pouvons pas « voir » toutes les longueurs d'onde : l'œil humain perçoit généralement celles allant de 400 nanomètres, le violet, à 700 nanomètres, le rouge.

– En fait, dans un arc-en-ciel, on voit toute la panoplie des longueurs d'onde entre ces deux extrémités !

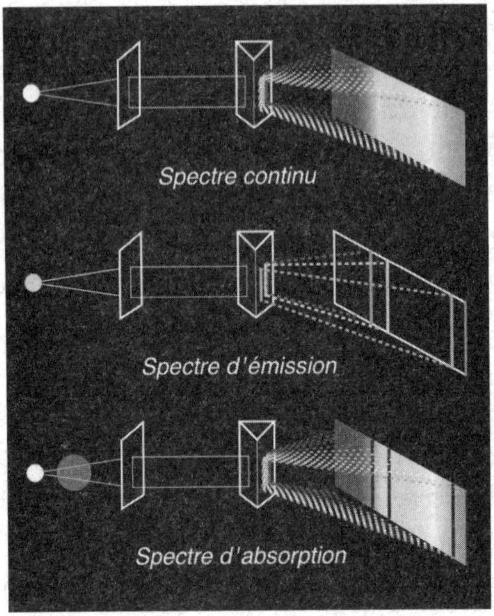

Les trois types de spectres en physique.

– Oui ! En revanche, dans un observatoire comme celui de l'Alma, les grandes oreilles permettent de percevoir le spectre de la lumière pour des longueurs d'onde au-delà du rouge, dans ce que l'on appelle l'infrarouge.

– Pourquoi parles-tu de « spectre », pourquoi ce mot ?

– On désigne ainsi un ensemble de longueurs d'onde. Je ne sais pas trop d'où vient le mot, je n'y connais pas grand-chose, mais vraisemblablement l'origine est-elle à rechercher dans les jeux de lumière observés à l'aide des premiers instruments d'optique, au XVIIe siècle, qui ont dû évoquer les phénomènes inquiétants censés apparaître avec les fantômes, les spectres… Que sais-je ?

– Et donc ton rectangle, là, c'est un spectre ?

– C'est un spectre, tout à fait.

– Mais il est bizarre ton spectre, il a plein de raies noires par-dessus. On dirait un code-barres…

– Bonne comparaison ! D'ailleurs, un spectre avec des raies noires comme cela, on l'appelle un spectre d'absorption.

– Un spectre code-barres ?

– L'histoire de leur découverte est plutôt tortueuse. Au début du XIXe siècle, à la suite d'observations minutieuses, on a repéré un petit nombre de raies sombres dans la lumière du soleil décomposée par un prisme. Puis un opticien allemand, Joseph von Fraunhofer, a eu l'idée brillante d'explorer ce spectre au microscope. Alors un très grand nombre de raies lui sont apparues.

– Pourquoi certaines raies étaient-elles visibles à l'œil nu et pas les autres ?

– Elles sont plus ou moins prononcées. Elles sont dues à la présence dans la périphérie solaire de corps chimiques qui avalent les rayons lumineux venant du soleil et se dirigeant vers nous, mais seulement ceux qui correspondent exactement à leur spectre. Après les avoir avalés, ils les renvoient, mais dans toutes les directions, de sorte que nous n'en recevons qu'une toute petite fraction. Pour les longueurs d'onde lumineuse ainsi avalées on obtient des raies sombres qui forment un spectre d'absorption, absorbé car avalé !

– Plus c'est avalé, plus c'est noir !

– Grâce à sa formation d'opticien, Fraunhofer a ensuite mis au point des instruments, que nous appelons spectroscopes, qui permettent d'observer les spectres facilement. Ce Fraunhofer était un génie dans son genre, et l'humanité ne l'a récupéré que de justesse. À 14 ans, il a échappé par miracle à l'effondrement de l'atelier dans lequel il travaillait. Un aristocrate l'a pris sous sa protection et lui a permis de pousser jusqu'au bout des études d'opticien.

– Belle histoire… Et pourquoi ce code-barres est-il intéressant ?

– Tu n'imagines pas à quel point les raies d'un spectre sont sources d'information. Voyons… Quantité d'objets, dans la nature, rayonnent. Pas seulement le Soleil, tu le sais bien. Le rayonnement, en interagissant avec des corps chimiques perd des raies, et donc exhibe… un code-barres. Ces raies sont noires parce que les couleurs correspondantes ont été absorbées. Et ce code-barres permet de reconnaître de manière absolument infaillible les éléments chimiques impliqués…

– Comment ?

– Chaque élément simple exhibe une signature spectrale infalsifiable. Cette signature est visible en négatif dans un spectre d'absorption, mais heureusement elle est aussi visible en positif dans ce que l'on appelle un spectre d'émission. Au lieu de raies manquantes, c'est-à-dire de raies noires sur un fond coloré, on a cette fois des raies colorées sur un fond noir. Au XIXe siècle, les chimistes ont réussi, en chauffant à incandescence, dans l'obscurité totale, un certain nombre de corps simples, à produire un rayonnement qui donne en positif presque toutes les raies d'absorption du spectre solaire. Ils en ont alors déduit la composition chimique de la photosphère, c'est-à-dire de la surface du soleil. Mais ils n'ont pas réussi à produire toutes les raies, et ils ont par conséquent imaginé un corps chimique hypothétique, qu'ils ont baptisé « hélium ».

– Cela me rappelle une discussion que j'avais entendue à l'observatoire, sur la matière noire. Quand les scientifiques ne sont pas capables d'expliquer un phénomène, apparemment ils inventent des choses pour boucher les trous !

– Sauf que, quelques années plus tard, on a trouvé de l'hélium sur Terre ! Tiens-toi bien, dans la lave d'un volcan, le Vésuve, lors d'une éruption !

– Le Vésuve, un volcan comme le Lascar ?

– Oui, il se trouve dans le sud de l'Italie, près de Naples. Sur ses pentes, on cultive des vignes qui donnent un vin extraordinaire, le lacryma christi. Tu l'apprécierais certainement.

– Quel goût a-t-il, amer, doux ?

– Sec et légèrement acide. On raconte que le Christ, en visite chez un ermite de la région, transforma sa médiocre boisson en ce délicieux breuvage. C'étaient des moines qui, autrefois, produisaient ce vin rare.

– Cela ne m'étonne pas ! J'aime bien tes trois histoires, mais je préfère celle de Fraunhofer parce que je l'imagine en train de fabriquer ses instruments. Et je pose ma question pour la troisième fois : pourquoi les raies de ton rectangle t'intéressent-elles ?

– Parce que le magnifique système que je viens de t'exposer ne fonctionne pas pour lui ! C'est comme si j'étais en présence d'un élément chimique nouveau. Mais c'est pire, car normalement le spectre d'un élément chimique a un aspect particulier, avec des accumulations de raies par endroits. Or ce n'est pas ce que l'on constate sur mon rectangle. C'est sans doute ce qui a intrigué Rodrigo.

– Vous, les savants, vous aimez bien rencontrer du bizarre sur votre chemin. D'après mes lectures, c'est ainsi que vous avancez, c'est votre carburant. Moi, je voudrais savoir vers quoi au juste vous avancez !

– On a besoin de comprendre, d'expliquer. Par exemple on reconstruit complètement les spectres des corps chimiques par un calcul mathématique à partir du spectre de l'opérateur de Schrödinger.

– Opérateur ? Comme pour les téléphones mobiles ?

– Non, c'est un concept mathématique, inventé au début du XXe siècle, et ce qui compte, c'est que tout opérateur a un spectre. Quand le physicien Erwin Schrödinger a trouvé comment associer un opérateur à l'hydrogène, il avait entendu dire que les mathématiciens savaient définir le spectre d'un opérateur. Il a essayé de se renseigner : « Qu'appelle-t-on "spectre d'un opérateur" en maths ? » On lui a dit : « Allez voir le mathématicien Herman Weyl. » Et Schrödinger a répondu : « Surtout pas, il le calculerait avant moi ! »

– Il y a des spectres partout, même en maths !

– Oui ! On calcule des codes-barres et ça colle merveilleusement avec les spectres des corps chimiques.

– Tu crois qu'avec ton arc-en-ciel à rayures tu vas découvrir des merveilles cachées ?

– Je ne sais pas, il y a là un grand mystère.

– Et si c'était dangereux de comprendre ?

– Un vrai chercheur est prêt à assumer tous les risques.

– Comme Rodrigo qui est à l'hôpital ?

– Ne sois pas superstitieux, murmure Armand, troublé.

Les étapes qui s'enchaînent paraissent longues au matheux, dont la peau prend des couleurs cuivrées. Ses courbatures diminuent cependant peu à peu. L'endurance de Felipe et la constance de sa gaieté ne le surprennent qu'à moitié. Comme beaucoup d'Amérindiens, il a une morphologie particulièrement bien adaptée à l'altitude. Il a un souffle, celui-là, se dit Armand quand il peine à franchir quelque passage délicat, d'autant plus d'ailleurs que l'air parfois se charge de gaz sulfureux. Ce sont les esprits irrités de la montagne qui, dit-on, imposent ce goût désagréable dans la bouche.

Si Armand est souvent à la traîne, ce n'est pas seulement une question de souffle. Le spectre, passé du sac à dos à la poche de chemise, se fait de moins en moins discret, acquiert en quelques jours le statut de

« Spectre d'Atacama ».

Ce compagnon de marche à part entière reste niché dans le coton fatigué de la chemise, en compagnie de bouts de papier drastiquement sélectionnés : quelques dépouilles d'opérateurs ainsi qu'une phrase de Grothendieck, véritable joyau de poésie lyrique.

À chaque nouveau coup d'œil, le spectre provoque Armand d'un nouveau détail. Pourquoi Rodrigo a-t-il pensé au spectre du soufre ? Tout simplement parce qu'il est diabolique, pense Armand quand il perd courage. Il ne prête pas toujours attention aux paroles ou aux gestes de Felipe, qui lui montre de temps en temps quelques animaux sauvages, souvent de petite taille comme le lézard des Andes. Un jour, il l'entend pousser des cris de joie en distinguant au loin une sorte de lama, « un lama de luxe », précise-t-il. Il s'agit d'une vigogne, ce gracieux camélidé, espèce menacée à cause de son pelage très recherché, aperçue derrière des touffes jaunies d'ichu. Elle semblait voler au-dessus des sables.

– Sais-tu qu'elle peut atteindre les 45 kilomètres à l'heure pour sauver sa précieuse peau ?

Et Rodrigo, qui fait du surplace dans son lit médicalisé… pense Armand.

CHAPITRE 8

Les nuages de Magellan

La nuit, les deux compagnons bivouaquent à l'abri de rochers. Le vent tombe en fin de journée, et leur sac de couchage suffit en général à les protéger du froid. La tête couverte de ces bonnets andins dont s'affublent les groupes folkloriques qui chantent dans le métro parisien, ils réussissent à dormir tant bien que mal. Mais, un soir où le froid se fait trop perçant, Felipe sort son joker, sa gourde de pisco, l'alcool qui réchauffe. Il faut le boire avec précaution car les lèvres sont crevassées par les bourrasques de sable gris et la poussière de sel cristallisé.

– Quand la nuit tombe, je vérifie que les deux petits nuages un peu perdus pas très loin de la Voie lactée sont toujours là, dit Felipe en montrant du doigt les fameuses nébuleuses de l'hémisphère austral, ils sont pâles comme des spectres.

– Les fameux nuages de Magellan. C'est grâce à eux qu'on a découvert l'expansion de l'Univers.

– On dirait des méduses, c'est beau comme de la dentelle. J'ai déjà entendu parler de l'expansion de l'Univers, tu peux m'expliquer ?

– Eh bien, comme on le disait l'autre jour, les étoiles rayonnent, et, grâce aux progrès de la spectroscopie depuis Fraunhofer, on a pu vérifier que les éléments chimiques sont les mêmes partout dans l'Univers, aussi loin que l'on regarde.

– Comment sait-on que c'est loin ?

– Je vais t'expliquer cela. Jusqu'au début du XXe siècle, on n'avait pratiquement aucun moyen de mesurer la distance des objets célestes : on connaissait juste la parallaxe.

– Vous les scientifiques, il faut toujours que vous employiez des mots compliqués…

– On a deux yeux. Quand on regarde un objet qui s'approche très près de nous, on louche de plus en plus. Le principe de la parallaxe, c'est cela : le fait qu'on ne perçoit pas les choses de la même façon selon la position que l'on a par rapport à elles. Ainsi, l'angle formé par les yeux avec un objet qu'ils regardent varie en fonction de la distance qui les en sépare. Avec deux « yeux » et la mesure des angles qu'ils font avec un objet, on doit donc pouvoir en déduire la distance de ce dernier.

– C'est malin ça, je n'y avais jamais pensé ! Tiens, reprends un peu de pisco !

– En astronomie, la parallaxe peut être utilisée pour calculer la distance d'objets lointains. Évidemment, plus les « yeux » sont écartés l'un de l'autre, plus cette méthode est précise, car l'angle qu'ils font avec l'objet sera plus prononcé, et donc plus facile à mesurer. Quand on veut mesurer la distance des étoiles, il faut donc trouver comment éloigner le plus possible nos « yeux ».

– Je comprends. Tu veux dire qu'il faut installer deux télescopes très loin l'un de l'autre, dans des pays situés à plusieurs milliers de kilomètres ?

– Non, à l'échelle astronomique, avec des distances gigantesques, cela n'est pas suffisant.

– Mais alors, comment peut-on faire ?

– On utilise le fait que la Terre tourne autour du Soleil : à six mois d'intervalle, notre planète se trouve dans des positions diamétralement opposées sur son orbite, approximativement éloignées de 300 millions de kilomètres. La position apparente d'une étoile proche sur le fond formé par les étoiles très éloignées évolue sur une ellipse et on mesure l'angle maximal sous lequel on voit cette ellipse.

– Il faut juste être patient !

– Oui. On mesure ainsi les distances des étoiles proches en parsec. Une étoile située à 1 parsec du soleil verrait le rayon de l'orbite terrestre sous un angle d'une seconde d'arc. 1 parsec vaut environ 3 années-lumière. Le problème, c'est que, pour les corps célestes vraiment très éloignés, l'écartement reste encore insuffisant.

– Tu m'as dit qu'on en était là au début du XXe siècle. On a donc trouvé un moyen de mesurer la distance des objets plus lointains ?

– Vers 1912, une astronome américaine, Henrietta Leavitt, avait une tâche rébarbative à accomplir, un vrai pensum : examiner des plaques photographiques des nuages de Magellan prises, à des époques différentes, par l'observatoire d'Arequipa.

– Arequipa ? Mais ce n'est pas très loin d'ici, au Pérou, de l'autre côté de la frontière !

– C'est alors qu'elle a fait une découverte extraordinaire : l'éclat de certaines étoiles, dans ces nuages, variait de manière périodique. Elle a pu établir expérimentalement une corrélation entre leur période, c'est-à-dire le temps qu'il faut pour revenir à un éclat identique, et leur luminosité intrinsèque : cette dernière est d'autant plus grande que la période est longue. Comme la luminosité diminue avec la distance, dans une proportion que l'on connaît, il suffit de comparer l'éclat apparent, sur Terre, de ces étoiles, que l'on appelle des céphéides, avec leur luminosité intrinsèque, déduite de leur période, pour obtenir la distance à laquelle elles se trouvent.

– Et ils sont loin ces nuages de Magellan ?

– À environ 200 000 années-lumière pour le petit nuage, et 150 000 pour le grand. Sachant que 1 année-lumière, c'est presque 10 000 milliards de kilomètres, cela donne des milliards de milliards de kilomètres. Mais au moment de la découverte de Leavitt, on ne pouvait pas encore calculer ces distances. En effet, la seule chose que l'on savait, c'est qu'il existait un lien entre la période et la distance des céphéides. Or il manquait encore une référence, un étalon de distance qui permettrait de calculer toutes les autres. Heureusement, on a réussi à mesurer la distance de certaines céphéides grâce à la parallaxe et, à partir de là, on a pu étalonner l'univers visible. Et, tiens-toi bien, on s'est rendu compte que les nuages de Magellan sont tous les deux des galaxies naines satellites de la Voie lactée ! On a pu mesurer l'immensité incroyable de la Voie lactée, dont le diamètre est de l'ordre de 100 000 années-lumière, et cela a ouvert la voie à la découverte de beaucoup d'autres galaxies, situées à des distances insoupçonnées jusqu'alors.

– Tout ça grâce au battement de cœur des céphéides !

– Oui ! Et il faut comprendre que ces distances incroyables rendent impossible toute communication avec des mondes comme les nuages de Magellan : puisqu'on ne peut pas transmettre de l'information à une vitesse supérieure à celle de la lumière, si on leur envoyait un message, on ne pourrait pas espérer de réponse avant au moins trois cent mille ans… Notre civilisation aura bien du mal à survivre tout ce temps-là !

– On en était où il y a trois cent mille ans ?

– *A priori*, aux débuts d'*Homo sapiens*, d'après la découverte récente, au Maroc, de fossiles datant d'il y a trois cent quinze mille ans.

– Pas très civilisés donc ! Et dire que c'est le temps minimum nécessaire pour juste, peut-être, recevoir une première réponse ! Mais dis donc, moi aussi j'attends toujours ma réponse : alors l'expansion de l'Univers ?

– J'y viens ! Après avoir compris que ce que l'on prenait pour des étoiles n'était autre que des galaxies,

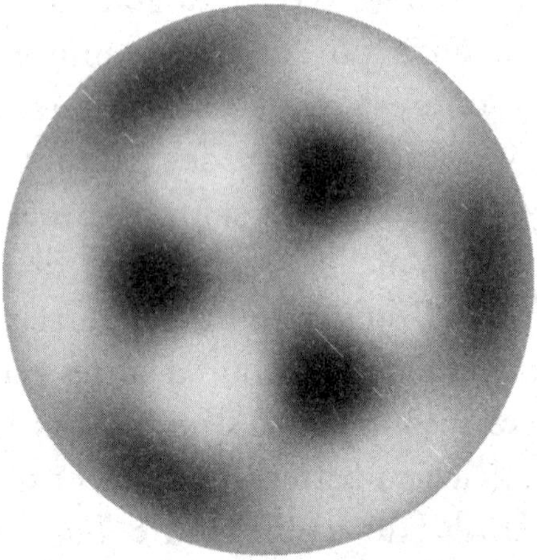

Vibration de la membrane du tambour.

on s'est aperçu que le spectre des éléments chimiques présents dans ces galaxies était décalé vers le rouge par rapport à ce que l'on observe sur Terre. En anglais, on parle de *redshift*. Et on a compris ensuite que ce décalage vers le rouge était semblable au décalage vers le grave des sons qui proviennent d'une source qui s'éloigne, le fameux effet Doppler. Cela a permis à l'astronome américain Edwin Hubble de faire le constat suivant : plus une galaxie se trouve loin de nous, plus elle s'éloigne vite. C'est cela qu'on appelle l'expansion de l'Univers.

À ce moment-là, un silence absolu inquiète les deux compagnons. Felipe prête l'oreille, se fige. À peine a-t-il le temps d'esquisser une grimace et de prononcer

« *un temblor !* » qu'un fracas énorme les entoure. Plusieurs secousses, effrayantes, puis, au loin, sur le sable, une espèce de mouvement ondulatoire.

Armand pense aux 300 kilomètres à l'heure du TGV et Felipe à dieux savent quoi. Et puis tout redevient normal. Incroyable ! Le séisme n'a duré que vingt secondes. Ce n'était qu'une petite alerte, comme il s'en produit chaque mois dans la région. On ne s'y habitue jamais. Serait-ce un appel de détresse ?

Impressionné par le silence effrayant, Armand sent monter en lui de la musique : le passage du concerto, celui où le troisième thème vient déstructurer les deux premiers, où le rythme détruit la mélodie. Il se demande quelle musique Brahms, qui « donne à entendre le tremblement de l'éternité », aurait pu composer dans cette solitude. Il aurait sans doute été frappé par l'absence de limites. Le désert comme lieu d'élection des âmes inspirées ! Juste après le fracas d'un *temblor*, le silence ne donne-t-il pas accès à une sorte de transcendance ?

Felipe a déjà commencé à raconter sa légende préférée : comment, une nuit de grande frayeur, les esprits d'en haut firent don aux hommes de l'alcool miracle, et comment les hommes y firent honneur. Au lever du jour, la gourde de Felipe a rendu ses dernières gouttes.

Armand n'a pas pu dormir. Un peu par peur d'une réplique du *temblor*, mais surtout parce qu'il a commencé à réfléchir. Sa pensée a été mise en mouvement par les sons graves qu'il a entendus. Certes, il a réagi

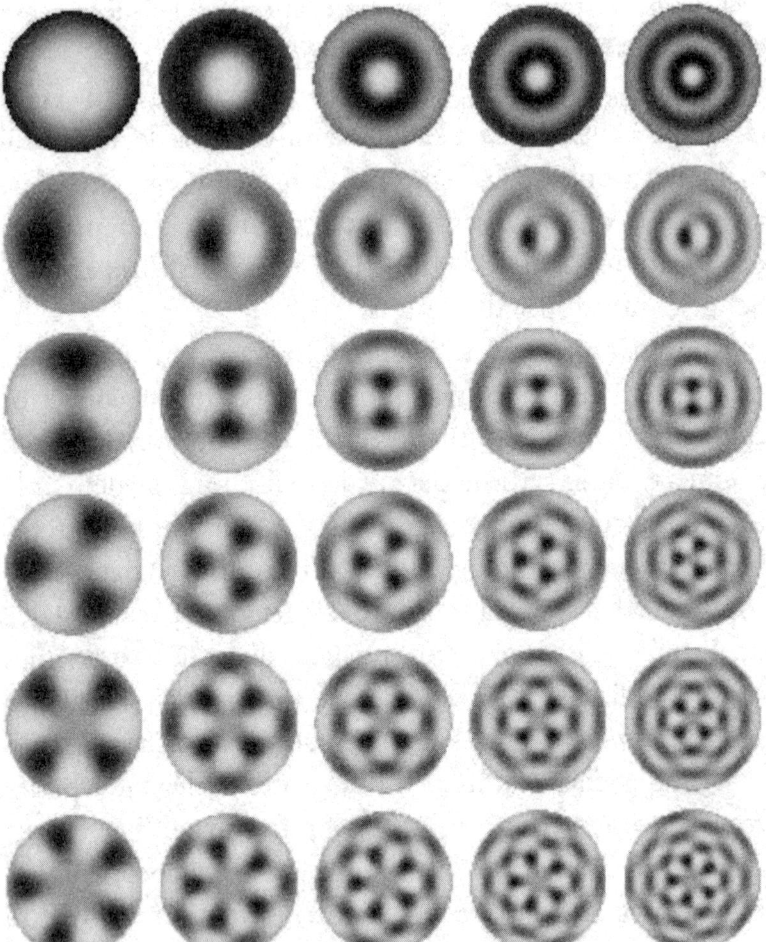

Vibrations de la membrane du tambour.
La complexité radiale augmente de gauche à droite
et la complexité angulaire augmente quand on descend.

en musicien, mais aussi en musicien conditionné par la physique. Brahms s'efface devant d'Alembert, son équation de la propagation des ondes et ses solutions stationnaires, qu'un physicien allemand, Helmoltz, a analysées pour les membranes vibrantes. Attention ! C'est ainsi que le piano abandonne la scène au tambour.

À chaque forme de membrane, comme la forme ronde de la membrane d'un tambour, correspond une gamme dont chaque note vient d'une vibration particulière. Les notes les plus graves correspondent aux vibrations les plus simples. Dans le cas de la forme ronde, la structure de la vibration dépend de deux nombres qui en déterminent la complexité radiale, c'est-à-dire la façon dont elle varie quand on va du centre vers le bord du disque, et angulaire : comment elle varie quand on tourne. Plus ces nombres sont grands, plus la fréquence de la vibration est grande. C'est encore plus simple pour un rectangle où les deux nombres donnent la hauteur des harmoniques dans le sens de la longueur et de la largeur du rectangle.

La nuit suivante, Armand, toujours insomniaque, réfléchit à un lien possible entre le spectre d'Atacama et la musique des formes : il faudrait comparer ce spectre avec ceux que l'on obtient en partant d'une forme comme un carré ou un rectangle, un disque, etc., et en interprétant leurs fréquences propres comme un spectre ! Le spectre d'Atacama ne serait-il pas la gamme d'une figure géométrique familière ? Sans ordinateur, Armand

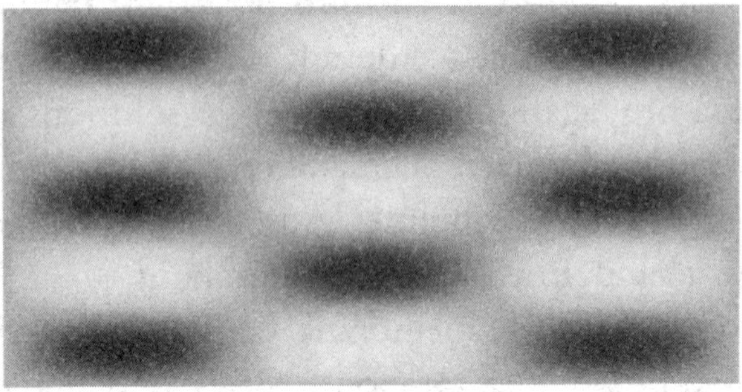

Vibration d'un rectangle.

est obligé de se limiter à un cas très simple, celui du rectangle.

Il arrive à se faire une idée, une image mentale, du spectre associé à un rectangle dont la longueur est le double de la largeur. Il trace sur une feuille de papier les raies verticales qui représentent une bonne partie de la gamme associée à ce rectangle simple… et compare la figure obtenue au spectre d'Atacama. Déception ! Il ne trouve aucune ressemblance. Alors il se réfugie dans son sac de couchage pour essayer de dormir. Seul l'épuisement du marathonien pourrait venir à bout de ce turlupin de spectre. Il sait qu'il a affaire à un adversaire coriace, ce spectre ne le lâchera pas.

Deux jours plus tard, ils sont à Calama, ville minière, assez bien reliée à la côte pacifique. À la gare routière, Armand interroge Felipe en attendant l'« ottokar » :

– Après avoir atteint l'océan, que comptes-tu faire ?

Les fréquences de vibration du rectangle.

– Je retournerai dans mon petit village, Caleta el Cobre, plus au sud. Puis je prendrai la mer sur mon bateau de pêche. J'ai un permis spécial qui m'autorise à voyager à ma guise le long de la côte. Je veux visiter Arica et sa région, à la frontière péruvienne. Des amis à moi et aussi mon amie s'y sont installés. Depuis longtemps je ne les ai pas vus, il faut que ça change. Viens avec moi ; ils te recevront chaleureusement.

– Je suis désolé, Felipe. Mon projet à moi est d'aller tout au sud du Chili, au bout de la Patagonie.

Felipe, attristé, réfléchit.

– Quelle idée d'aller t'exposer au vent et au froid pour voir des manchots sur des rochers ! C'est ce qu'on m'a dit de là-bas. Mais, si tu y tiens, gringo, je t'aiderai à faire une partie du voyage. Accompagne-moi sur mon bateau et je t'emmènerai jusqu'à…

Un nom surgit et déploie ses quatre syllabes dans l'imagination d'Armand, un mot comme un appel amical, hé ! ho ! un mot qui flotte, un mot souple, un peu chaloupé, un mot qui enveloppe comme une écharpe aux couleurs vives où dominent des rouges profonds de vins doux…

– …Valparaiso. Je pêcherai et là-bas je vendrai mon poisson à la criée. Puis je repartirai seul vers le nord.

J'ai tout mon temps. Je sais le prendre, mon temps ! Si la pêche a été bonne, j'aurai de l'argent et cela me sera utile le long des rues d'Arica, où grouillent des trafiquants boliviens, péruviens… et chiliens.

Armand serre les mains de Felipe – marché conclu !

CHAPITRE 9

Nous irons à Valparaiso

Arrivés à Caleta del Cobre, tout petit village sur l'immense côte désertique, les deux hommes sont devant la maisonnette de Felipe, ouverte à tous les vents, au bord du Pacifique. Armand, qui ne pose aucune question, est surpris : personne n'habite ici. Felipe semble retrouver immédiatement des habitudes de célibataire.

Le bateau de pêche, amarré à un ponton de bois, a du charme. Armand comprend son ami physicien Carlo Illvero, qui avait refusé un poste prestigieux : il voulait garder la possibilité de faire, quand cela lui plaisait, un tour en Méditerranée sur son minuscule rafiot. Mais le bateau de Felipe est en mauvais état, il exige des réparations qui durent presque une semaine. Naturellement Armand met la main à la pâte. Le jour du départ, les voyageurs transportent à bord quelques provisions, un réchaud et un filet de pêche.

Durant le cabotage, malgré le travail assez rude, Felipe a le temps de décrire les villes au large desquelles il navigue : La Serena, pas loin de l'embouchure de l'Elqui, Tonzoy, etc. Tout cela entremêlé avec des commentaires à propos des vignobles locaux qui sont, paraît-il,

les meilleurs du Chili. Chaque soir, ou presque, Felipe aborde dans un petit port et vend sur le quai sa pêche de la journée. Chaque nuit ils dorment soit sur le bateau soit plus confortablement dans un gîte.

Sur le quai de Totoral se tiennent quelques vendeurs ambulants. Armand reconnaît, égaré au milieu des journaux locaux, un exemplaire du *Monde*. Il n'en croit pas ses yeux ! Le journal est en mauvais état. Il a dû être abandonné par des touristes et récupéré par ce vendeur peu scrupuleux qui le cède à Armand prêt à payer le prix fort car il a brusquement soif de nouvelles. Les habitudes parisiennes refont surface. Il s'installe à la terrasse d'un café pour déplier le journal, jette un coup d'œil sur la une : nouveau couac au gouvernement, hurlements de l'opposition, guerre civile chez les écologistes, affaire de corruption éclaboussant les milieux sportifs, déclarations musclées du ministre de l'Intérieur... Vite lassé, Armand replie le journal et le glisse dans son sac à dos. À ce moment, Felipe le rejoint.

– Pas loin d'ici, dit-il, des paysans ont vu, à plusieurs reprises, des soucoupes volantes débarquer.

– Tu ne crois pas à ces sornettes ?

Felipe répond à côté.

– Un de mes amis pêcheurs m'a parlé une fois des extraterrestres. Ils viennent du Big-Bang, disait-il. Qu'est-ce que c'est, le Big-Bang ?

Armand rit, puis, reprenant son sérieux, il tente de décrire l'état de l'Univers pendant la première seconde, la première minute, le premier siècle.

Felipe le regarde sidéré ; il demande en hésitant :

– Tout cela, c'est vrai, ou ce sont des légendes ? des légendes pour scientifiques ?

Un peu embarrassé, et d'ailleurs fatigué par sa journée en mer, Armand se contente de répondre :

– C'est vraisemblable, très vraisemblable.

Après trois semaines de voyage, le bateau arrive dans la baie de Valparaiso. Les navires y foisonnent mais les nouveaux arrivants s'y amarrent facilement car le port est vaste.

– S'il te plaît, garde un œil sur le bateau. Je vais voir comment se déroulent les criées.

Sans s'éloigner, Armand fait les cent pas sur le quai en cherchant un moyen de téléphoner à l'hôpital de

Santiago. C'est dans l'arrière-boutique d'une conserverie artisanale qu'il obtient des nouvelles à la troisième tentative. L'état de Rodrigo reste stationnaire. D'après ses médecins, il ne sortira pas du coma avant des semaines, mais son cas n'est pas désespéré. Seule sa famille est autorisée à le voir. Le combiné, poisseux, dégage une odeur de marée écœurante. Armand, désemparé, espérait d'autres nouvelles, presque un miracle. Il était prêt à foncer à Santiago pour plaisanter avec Rodrigo, lui faire vite oublier cet accident de parcours. Ils se seraient acharnés sur le mystérieux spectre. Tout est suspendu : Rodrigo branché, déshumanisé, à la merci d'une panne des appareils.

Felipe revient avec une petite carriole à bras dans laquelle il entasse sa pêche. Le bateau, sans valeur, n'a pas besoin d'être surveillé. Les deux amis, tirant chacun un bras de la carriole, se dirigent vers le marché. La foule est dense, joyeuse : marins, prostituées, clochards, touristes. Armand ne peut suivre les mécanismes complexes des criées, il se contente d'absorber de tous ses yeux la scène pittoresque. Assez rapidement, il voit Felipe empocher, l'air sombre, quelques billets.

– Tu n'as pas tiré grand-chose de ta pêche ?

Son compère lui fait un sourire de connivence et glisse :

– Ce n'est pas si mal, mais il ne faut pas le dire.

Ils regagnent le bateau. Et voici l'heure de la séparation. Felipe, un peu amer, se demandant bien ce que ce gars va chercher plus loin, met de l'ordre sur son rafiot. Armand de son côté est trop préoccupé par l'état de Rodrigo pour s'impliquer dans l'instant présent.

Livré à lui-même et à ses états d'âme, il déambule, longe le quai, inspectant les navires. Jules Verne prenait souvent le bateau, c'est pourquoi tant de ses personnages sont des marins. Il ne devait pas être sujet au mal de mer. Ça doit drôlement tanguer au large de la Terre de Feu. Qu'est-ce que j'irai faire là-bas ? Il reporte son attention sur la ville. Une quarantaine de collines dominent la baie, bâties de maisons bariolées à l'aspect colonial. La splendeur de Valparaiso ne se mérite qu'en grimpant au sommet de la colline de Concepcion. Armand entame courageusement l'ascension. Au sommet, il jouit d'une vue fabuleuse sur le port et le Pacifique, ravi de pouvoir s'asseoir devant un verre de tequila. Il est fatigué. Il sent une espèce de torpeur le gagner.

À la devanture d'un grand magasin, il contemple un mannequin en sous-vêtements. Un string, une bande étroite de diverses couleurs, une sorte de ruban – les mercières dignes de ce nom en vendaient jadis aux petites brunettes et blondinettes pour agrémenter leurs nattes. La particularité de celui-ci réside dans l'extrême variété des tons. On pourrait le prendre pour un nuancier de marchand de laine ou de brodeuse, n'étaient ces rayures noires et verticales disposées de manière irrégulière. Les bleus y sont à la fois profonds et lumineux, comme le ciel du désert. Un styliste pourrait faire fortune en lançant un nouveau coloris : minuit sur l'Atacama. Non, ce n'est pas un mannequin, c'est une vraie femme, c'est la secrétaire Paola. En y regardant de plus près, elle est enfermée dans un grand prisme de verre. Elle est à vendre. Armand entre dans le magasin. Je voudrais acheter cet article. « Rien de plus facile, monsieur. » Deux employés en blouse bleue font glisser le prisme jusqu'à une énorme machine pour enregistrer le code-barres. Armand se penche : il veut examiner le code-barres. Il le voit très grossi : c'est le spectre d'Atacama ! Un employé lui prend l'épaule : il faut payer, monsieur.

Armand se réveille brusquement. Le serveur lui touche l'épaule, réclamant le prix de la tequila. Mécontent de lui-même, Armand s'exécute. Le café fait partie d'un petit hôtel. Il y loue une chambre pour quelques jours.

CHAPITRE 10

La Licorne

There is a tide	Il est une marée
in the affairs of men,	dans les affaires des hommes,
Which, taken at the flood,	Qui, prise à son apogée,
leads on to fortune ;	conduit à la fortune ;
Omitted, all the voyage of their life	Ignorée, tout le voyage de leur vie
Is bound in shallows and in miseries.	Est confiné aux bas-fonds et aux écueils.
On such a full sea	Sur une telle mer
are we now afloat ;	nous sommes maintenant à flot ;
And we must take the current	Et devons suivre le courant
when it serves,	quand il forcit,
Or lose our ventures.	Ou réduire à néant nos projets.

William Sakespeare, *Jules César*, acte IV,
scène III, lignes 217-223.

Un matin, Armand descend par le funiculaire prendre son petit déjeuner. Sur le port, il cherche à s'imprégner de l'ambiance, pénètre dans une sorte de bar à matelots qu'il a repéré la veille. Un bistrot comme il les aime, modeste, fréquenté par les gens du coin, où il pourra surprendre des bribes de conversation sans toutefois être dérangé. Il s'installe à l'intérieur, dans un angle discret. L'endroit lui plaît, il s'y attarde. En face de lui, punaisée au mur, une photo attire son attention. Une photo, là aussi comme il les aime, en noir et blanc. On y voit un homme mi-sérieux, mi-souriant, en uniforme, ni celui d'un marin ni celui d'un soldat, avec une casquette, sorte d'interprétation libre du couvre-chef de capitaine au long cours, et des chaussures blanches à bouts noirs. Mis à part ce détail un peu baroque, ce n'est pas l'homme qui intéresse le photographe mais le chien blanc assis sur ses genoux, un fox-terrier malicieux qui prend la pose, bien installé et confiant. Le maître est là pour le chien, il y a une complicité évidente entre les deux compagnons. Mais c'est Milou ! se dit Armand : couleur, race, poil, oreilles, collier, yeux vifs et même sourire espiègle ! Un portrait original… Je vais demander au patron du café comment il a eu cette photo !

– Le maître du chien je le connais, enfin façon de parler. Il s'appelle Gunther Plüschow. C'est un aviateur, un héros en Amérique du Sud, le premier à avoir exploré la Terre de Feu en avion. Il est mort en 1931 lors de sa deuxième expédition en Patagonie. Si vous voulez vraiment en savoir plus, vous devriez faire un tour vers la Plaza de los Poetas, et fouiner dans les petites librairies. Cet aviateur a écrit un livre sur ses aventures, je pense que vous le trouverez facilement.

Ainsi, Armand flâne à la recherche d'une librairie, il s'arrête devant l'enseigne : « Aventura, aventura ». Comme souvent, il ne va pas droit au but et tombe d'abord sur un autre ouvrage qui le séduit immédiatement : *Le Voyage d'un naturaliste autour du monde* qui relate l'équipée

L'aviateur Gunther Plüschow et son chien

(© ullstein bild/Getty images.)

de Darwin sur le *Beagle* de 1831 à 1836. Après l'avoir feuilleté puis acheté, Armand demande au libraire s'il connaît le livre de Plüschow. Ravi que l'on s'intéresse à cet ouvrage, l'érudit disparaît un moment et revient avec un magnifique exemplaire de :

My Escape from Donington Hall.

Il explique à Armand que l'auteur y raconte comment, après s'être enfui en avion, en 1915, de la ville chinoise assiégée de Kiao-Chow, il a été fait prisonnier par les Anglais puis a réussi à s'échapper d'Angleterre en se cachant dans un canot de sauvetage !

– C'est rocambolesque ! dit Armand.

– Je dirais même plus…

De retour à son café, Armand passe la journée à lire les Mémoires de Plüschow et se délecte des détails de son évasion. C'est le même stratagème que celui du Professeur Tournesol pour monter incognito à bord du navire à la recherche du trésor de Rackham le Rouge ! Au fur et à mesure de sa lecture, il acquiert la nette impression que sa bonne étoile le guide sur les traces d'Hergé. On est bien loin de Rancé !

Si un jour, songe-t-il, lassé de l'ingratitude des sciences dures et des spectres taiseux, j'envisage de me reconvertir, je pourrai toujours écrire une thèse sur la genèse des bandes dessinées d'Hergé : *Sources et influences dans l'élaboration des aventures de Tintin…* Je vois déjà qui sera président du jury. L'Espiègle Ch. ne pourra pas me refuser cela. J'en ris d'avance. Si l'on m'avait dit qu'en emportant comme livre de chevet *Le Sceptre d'Ottokar*, j'allais avoir maille à partir avec le spectre d'Atacama ! Fantasmagorie de la permutation.

Sa rêverie est interrompue par l'irruption brutale dans le bistrot d'un nouvel arrivant. À ses galons, à sa casquette, Armand devine qu'il s'agit d'un capitaine de la marine marchande. C'est un homme de taille moyenne, costaud, la cinquantaine, il a le visage rouge et la barbe noire, il fume la pipe. Il est bientôt à deux pas d'Armand qui s'entend demander en hésitant :

– *Are you the captain of a ship ?*

Le capitaine répond d'une voix de stentor, non dans la langue de Shakespeare, mais dans celle de Molière :

– Oui, moussaillon, je suis Archibald, capitaine de *la Licorne*.

– Vous êtes français ?

– Non, moussaillon, je suis belge.

Armand est estomaqué. Le capitaine le dévisage ironiquement.

– La Belgique, Bruxelles, tu connais ?

– Bien sûr, bien sûr… Et peut-on savoir quelle est la destination de votre bateau ?

– Les îles Falklands, moussaillon.

La Providence s'en mêle songe Armand… La marée c'est la marée !

– Accepteriez-vous un moussaillon de plus à votre bord ?

– Pourquoi pas ? Si tu aides bien, tu auras ta cabine, sans hublot, et tu mangeras la même nourriture que l'équipage. Tu n'as pas l'air trop difficile et puis tu sembles décidé, j'aime ça !

– Je pense débarquer avant les Falklands. C'est l'île des États qui m'intéresse.

– On ne passera pas loin, tout dépendra de la mer, on verra ça. Départ demain matin à 8 heures. Sois à l'heure. On partira avec la marée.

L'homme s'éloigne et se retourne pour regarder son passager improvisé. « Encore un paumé, il n'a pas l'air méchant ! »

Je voulais de l'imprévu et de l'aventure, songe Armand, on peut dire que j'ai forcé la dose ! Faut-il se laisser guider par la sérendipité qui me rattrape parce que j'ai méprisé leur colloque farfelu ? Me voilà marin et le marin est né sous le signe du départ… Armand, étourdi, a besoin de se ressaisir, égaré dans le fil des événements. Il se dirige vers les collines. Est-ce le spectre du capitaine Haddock qu'il vient de quitter ? Mais sa tête bourdonne. Haddock, un spectre… Allons, un peu d'énergie.

CHAPITRE 11

Plein sud

À 7 h 30 le lendemain, devant *la Licorne*, Armand attend au pied de la passerelle. Une demi-douzaine de matelots s'affairent aux quatre coins du bateau. Le capitaine apparaît et l'invite à monter.

– Au travail, moussaillon. On a besoin d'aide pour hisser la voile.

Armand s'initie rapidement aux agréments de la vie à bord. La cuisine est spartiate, les matelas durs. On encaisse des paquets de mer et, par gros temps, des ordres hurlés, des jurons. *La Licorne* transporte des marchandises de toutes sortes, notamment, pour les Falklands, du cuivre chilien sous des formes variées. Les colis ont été mal arrimés : travail supplémentaire et dangereux. Ces épisodes font que le temps passe vite.

Les cités défilent : San Antonio, Navidad, Constitucion, Chanco… Le cœur d'Armand bat quand *la Licorne* donne dans la baie de Talcahuano, avec son magnifique estuaire. En effet, le roman de Jules Verne *Les Enfants du capitaine Grant* a, comme *Le Phare du bout du monde*, fait les délices de sa jeunesse. Dans le premier, des enfants partent sur le *Duncan* à la recherche de leur père disparu ;

ils disposent de trois messages anglais, français, allemand, trouvés dans une bouteille flottant à la dérive ; en mauvais état, et, même superposés, ces messages ne donnent que des renseignements partiels. Il leur faudra parcourir toutes les terres émergées le long du parallèle de latitude 37°11' Sud, et l'aventure commence précisément à Talcahuano.

Armand note dans son journal de bord : trois messages chez Jules Verne ; trois messages chez Hergé cachés dans des mâts de navires en modèles réduits, des licornes ; trois messages de Rodrigo... À nouveau des signes ! Suis-je visé ? Je n'aime pas cela.

Encore quelques jours, et *la Licorne* longe l'île de Chiloe. La température baisse sérieusement. Le vent, qui souffle souvent des sommets de la cordillère, est glacial. La pluie ne cesse guère. Une nuit, le ciel est complètement bouché, la neige tombe, de temps en temps la grêle. Armand est de quart. Au moins, songe-t-il, je ne risque pas de recevoir un message des étoiles...

À ce moment, quelques nuages se déchirent, dévoilant la pleine lune. Entre *la Licorne* et l'île de Chiloe, Armand croit apercevoir un voilier nappé de brume. En même temps, c'est un mugissement, une longue plainte envoûtante. Le capitaine surgit en courant.

– Éloignez-vous de la côte, tout de suite !

Et comme le moussaillon ne réagit pas assez vite, il se précipite sur le gouvernail.

– C'est le vaisseau fantôme de l'île ! On ne le voit que la nuit. Il transporte, depuis la conquête espagnole, une cargaison de passagers qui…

La lune est à nouveau obscurcie par les nuages et le capitaine, quittant la barre, s'engouffre dans le vaisseau. Armand reste stupéfait.

Le lendemain, après l'île de Chiloe, le continent se disloque, terre et mer confondues dans un dédale d'îles, de fjords, d'estuaires, de lacs, de montagnes aux forêts millénaires. C'est la Patagonie, sur 1 500 kilomètres, avec ses falaises, ses volcans, la ville fantôme de Chaitén enfouie sous la cendre ! Les glaciers de la cordillère sont de plus en plus spectaculaires et l'on commence à croiser quelques icebergs. L'océan est houleux. Sur la côte, à la jumelle, on aperçoit des phoques et des otaries.

Réfugié dans sa cabine, Armand lit *Le Voyage d'un naturaliste autour du monde*. La synchronicité veille :

> La comparaison minutieuse des plantes, animaux et fossiles collectés durant le voyage lui procurera ultérieurement de nombreuses informations sur la manière dont des espèces similaires s'adaptent à des environnements différents. Courant mars, une goélette nommée *Unicorn* arrive au port. FitzRoy l'achète à son propriétaire et la rebaptise *Adventure*.

Bien après, l'« *Unicorn* » fait relâche à Puerto Natales. Le capitaine invite tout son équipage à déguster du crabe royal antarctique dans un restaurant. Quelques verres de vin chilien l'amènent à s'épancher un peu. S'adressant à Armand, il lui dit :

– Tu sais que je suis belge. Eh bien nous allons à Anvers. Je passe ma vie à faire la navette entre Lima et Anvers.

– C'est bizarre. Anvers, je veux bien, mais pourquoi Lima ?

Le capitaine se cabre

– Ça ne te regarde pas, moussaillon !

Les délices gastronomiques du restaurant ont un effet très favorable sur le moral de l'équipage. Détente, sensation de bien-être envahissent les gars de la marine. On se raconte des histoires de fantômes pélagiens, des souvenirs de tempêtes, on se montre des photos, certaines tachées de vin ou d'écume. Moussaillon de fortune, Armand n'a pas d'aventure de haute mer à évoquer.

Le passage du cap Horn n'est pas une partie de plaisir. Le lendemain, on arrive au large de la Terre de Feu... Valparaiso, le cap Horn, la Terre de Feu, que de noms mythiques, de fureurs climatiques aux dimensions astronomiques ! C'est pourtant un minuscule îlot rocheux sans prétention, oublié sur la plupart des cartes tant il est discret, qui manque de provoquer une syncope chez le trop sensible Armand. À l'ouest de l'île des États, où se trouve le fameux « phare du bout du monde », il va faire une rencontre. Un capitaine détendu et affable commente le paysage pour Armand.

– Nous y sommes, nous longeons l'île des États. Content, moussaillon ? Voici le cap Lemaire.

Au sud-ouest, Armand aperçoit une île minuscule et la désigne du doigt.

– Ah celle-là, c'est la Dampier, aucun intérêt, dit Archibald d'un ton catégorique.

Le moussaillon au bord de l'éblouissement demande :

– J'ai mal compris, comment ça s'écrit ?

– D.A.M.P.I.E.R, pourquoi ? Tu t'intéresses à ce tas de cailloux ?

Armand fait mine de ne pas avoir entendu et se précipite pour ranger un cordage qui n'est pas à sa place. Étourdi, il ne peut ignorer que la synchronicité vient de lui tendre un guet-apens puisque le nom de famille de Charlotte est Dempierre. Seul le A, le A d'Armand fait la différence.

CHAPITRE 12

Charlotte Dempierre

L'état de santé intellectuelle de Charlotte Dempierre préoccupait aussi bien l'homme de la rue que les neurologues les plus avertis. Cette femme téméraire avait pris des risques énormes. Elle avait mis à profit la longue période nécessaire à la réparation de l'anneau de collisions du CERN. Elle s'était, avec la complicité de la directrice Francesca Rocca et d'un informaticien de pointe, Ali Razavi, placée au sein de l'un des détecteurs de particules et avait laissé transpercer son cerveau par une aiguille, sous la forme d'un faisceau de protons de très haute énergie, pour que le détecteur en prenne une empreinte qui serait inscrite, avec tous ses détails les plus infimes, dans les grands ordinateurs remis en route à l'occasion grâce à l'expertise singulière d'Ali Razavi. Elle aurait pu laisser sa vie ou au moins son équilibre dans cette expérience folle. Miraculeusement, elle avait été ressuscitée par l'ordinateur principal et ses explications scientifiques avaient convaincu les plus sceptiques, quoique…

On l'avait écoutée religieusement lors de sa conférence de presse. Tous les journalistes restaient marqués, éblouis par ce récit d'un nouveau type. Une fois mis en ligne sur

Internet, celui-ci fut labellisé comme la version officielle de l'événement, mais on n'en resta pas là. Quelques vérifications s'imposaient. Un cerveau qui s'est permis une excursion dans une réalité atemporelle, qui a eu la chance de saisir l'émergence du temps à partir de l'aléa du quantique, n'aurait-il pas subi quelque dommage ou acquis certains pouvoirs ? Seuls les neurobiologistes du Human Brain Project pouvaient le dire.

Les séances de scanner pratiquées par les chercheurs sur les zones cognitives du cerveau n'avaient rien révélé d'anormal. Tout va bien avait dit le chef de service en tendant à Charlotte les divers comptes rendus.

– Mais (il était légèrement ému)… nous sommes un peu déçus… comprenez bien… nous avions espéré trouver dans votre cerveau des traces exploitables pour nos futures expériences.

– De quelles traces voulez-vous parler ? demanda Charlotte sur un ton assuré.

– De traces… de traces non normales… Heureusement et malheureusement tout est rentré dans l'ordre. Merci de vous être prêtée à ces investigations.

– Je n'avais pas le choix ! Merci de votre accueil.

– Croyez madame (il la caressa du regard et lui sourit) à notre infinie reconnaissance.

Au plan juridique, les libertés prises par Charlotte, Francesca et Ali pour utiliser l'un des détecteurs du CERN, ainsi que ses ordinateurs, sans aucune autorisation administrative officielle avaient conduit la Cour européenne des litiges, poussée par des chercheurs médiocres et jaloux, à les condamner, Ali excepté – il était indispensable au bon fonctionnement du CERN… –, à une peine de prison ferme !

Sous la pression médiatique relayant les demandes du gratin scientifique international, la cour accepta d'organiser un procès en révision. Les pétitions pleuvaient de tous côtés. La presse se déchaînait pour prouver au monde entier que les administratifs ne visaient que leurs intérêts politiques personnels, comme les pseudo-scientifiques, engagés dans la course aux postes et prêts à enfoncer les plus courageux, les plus créatifs de leurs collègues. Le grand public commençait à entrevoir les ambitions et les combines.

Il fallait étouffer l'affaire et on l'étouffa. La sentence fut commuée en assignation à résidence, en Suisse. On élimina les cliniques et les maisons de repos jugées trop fréquentées. Les magistrats, s'accordant un ersatz de bonne conscience, proposèrent une discrète pension de famille, petite et tranquille, en Engadine, à quelques kilomètres de Sils-Maria.

Les deux amies devaient bien sûr porter un bracelet électronique, mais cela ne les empêchait pas de grimper au-dessus des 1 500 mètres pour cueillir des edelweiss et vérifier, certains matins de très bonne heure, le phénomène du fameux nuage serpent. Cet isolement relatif permettait aux deux copines de pratiquer la marche rapide et de discuter, activités propices à la santé de l'âme.

Au début de leur assignation à résidence, Charlotte et Francesca écrivirent au CERN pour demander leur réintégration, dès leur libération. Leur lettre provoqua un intense remue-ménage au niveau administratif. Conformément aux statuts, le conseil scientifique devait en délibérer. Mais son directeur, du genre autocrate, chercha à faire prévaloir, sans vote et par des manœuvres de couloirs, son point de vue hostile à Charlotte.

Dès le début de la séance du conseil, une « protégée du directeur », en service commandé, posa bruyamment la question de la santé mentale de Charlotte.

– Rappelez-vous sa conférence de presse. Mademoiselle Dempierre nous a informés qu'elle revenait, non pas de notre modeste espace à trois dimensions, mais d'un espace hilbertien ! Mazette ! Un espace de dimension infinie ! A-t-elle entendu la voix de David Hilbert ? Devons-nous réintégrer une nouvelle Jeanne d'Arc ?

Un long brouhaha salua cette interrogation.

Il y eut des fuites, et le procès-verbal de la séance se retrouva dans les colonnes d'un journal à scandale, si bien que les kiosques et les salons de coiffure relayaient à qui mieux mieux une effervescence malsaine. Certains commentateurs s'appliquaient à interpréter le message. Il ne s'agissait pas de Jeanne d'Arc mais d'une visite annoncée des extraterrestres ; un nommé Hilbert étant le nouveau grand maître de l'espace, il allait bien leur faciliter la tâche.

Charlotte avait des partisans dans le conseil, mais ils durent finalement accepter un compromis : Francesca retrouverait une place au CERN à condition de signer un contrat qui stipulait en particulier que ni elle ni Charlotte ne devaient accepter la moindre récompense, le moindre prix ou autre gratification directement reliés à leur conduite frauduleuse. Quant à Charlotte, qualifiée de « patiente », outre la signature du même contrat, elle devrait remplir les conditions suivantes : 1) Elle suivrait des séances de psychothérapie sous la direction d'un certain Hugues de Chantavoine, un Zurichois qui pratiquait la synthèse des méthodes lacanienne et jungienne, un mode opérationnel singulier mais, disait-on, efficace ; 2) Hugues de Chantavoine devrait fournir « un rapport favorable » (la formule restait très vague, or le conseil n'avait pas réussi à s'accorder sur un énoncé précis) ; 3) Charlotte devrait « abjurer » sa profession de foi hilbertienne (les partisans de Charlotte ne purent faire adoucir ce terme).

Charlotte, mise au courant, accepta toutes les conditions en riant sous cape. Elle se sentait toute prête à imiter Galilée pour avoir la paix. En outre, elle espérait rendre distrayantes ce qu'elle appela tout de suite les « séances chantavoinesques ». N'ayant jamais observé de psy, elle comptait analyser de près cette variété, récemment apparue et florissante, de l'espèce *Homo sapiens.*

CHAPITRE 13

Le phare du bout du monde

La Licorne longe la côte sud de l'île des États et arrive donc à proximité du phare du bout du monde. Armand, prenant son courage à deux mains, aborde le capitaine.

– Ne deviez-vous pas relâcher dans le petit port de cette île ! *La Licorne* y serait parfaitement à l'abri !

– J'avais dit « on verra »... Je dois atteindre les Falklands le plus vite possible. Le phare tu le contemples d'ici, c'est la sorcière que tu veux voir ?

– Le phare est donc habité ?

– Oui, par une vraie folle. Personne ne sait ce qu'elle mijote. Si tu veux aborder je te souhaite bien du plaisir.

Armand n'y comprend rien mais se laisse tenter. Le capitaine, visiblement furieux, appelle l'un des matelots :

– Mets le canot à la mer. Tu vas débarquer notre aventurier dans la petite crique, en face. Tu le laisses là se débrouiller et tu reviens en appuyant sur les rames.

Le matelot, qui a senti l'atmosphère électrique, obéit rapidement et bientôt Armand se retrouve seul sur une plage de galets. Adieu *la Licorne* ! Il connaît la direction générale à prendre pour atteindre le phare.

Le Phare du bout du monde, *livre de Jules Verne.*

Sa poitrine se dilate quand il arrive au pied de ce phare dont il a tant rêvé. Il se sent jeune à nouveau. Il se dit que sa longue errance emmêle pour lui, plutôt que les lieux, les époques. Une façon de jouer avec le Temps.

Je m'occuperai en contemplant l'océan, avait à peu près dit Hugo en arrivant à Jersey. Armand avait lu cela quelque part. Ici, question contemplation je suis gâté : l'Atlantique à ma gauche, à ma droite le Pacifique, leurs eaux mêlées, leurs fureurs entrelacées. Du phare je me régalerai de tempêtes et d'ouragans…

Mais, brusquement, les choses se gâtent.

Une « gardienne » sort du phare, un fusil sous le bras. Le canon n'est pas pointé directement vers Armand, mais il n'est pas non plus pointé vers le sol. Disons, à 45 degrés.

– Que venez-vous faire ici ?

La voix est grave, et même caverneuse.

– Je suis touriste.

– Allons donc !

Le canon se relève imperceptiblement. Armand se débarrasse de son sac à dos, le lance vers la femme, lève les bras et fait un tour complet sur lui-même pour prouver qu'il n'est pas armé. Sans scrupule, elle ouvre le sac et le fouille. Légère détente. Armand reprend la parole :

– Laissez-moi vous expliquer. Avez-vous lu *Le Phare du bout du monde* de Jules Verne ?

– Oui, fait-elle en riant.

La détente se confirme.

– Alors, voilà…

Et Armand raconte pourquoi l'endroit le fascine depuis longtemps. Finalement, elle retourne à la porte du phare, la pousse.

– Entrez !

– Je me présente : Armand Lafforet, français, chercheur, lecteur assidu de Jules Verne dans sa jeunesse.

– Pour Jules Verne je vous crois.

La femme qui, après quelques atermoiements, accueille Armand, est grande et bien charpentée. Sa chevelure sombre, très abondante et bouclée, ses traits accusés, son teint bruni lui assurent une physionomie frappante. Difficile de lui donner un âge, sans doute entre 40 et 50 ans.

Armand tente de s'expliquer :

– Je viens de l'observatoire astronomique du nord du Chili : un observatoire récemment construit, j'imagine que vous êtes au courant.

– Eh bien, non ! Et pourtant je suis chilienne. Au fait, j'aurais déjà dû, moi aussi, me présenter : Michelle Barroso, ornithologue. J'ai très peu de relations avec le monde extérieur. Vous ne trouverez ici ni ordinateur ni portable. Il n'y a bien sûr pas de réseau, pas de télévision ni de radio. Pas de téléphone fixe non plus. Je travaille à l'ancienne.

– Cependant, le phare…

– Le phare est depuis longtemps hors d'usage. Je vis seule et j'aime la solitude. Ne vous offusquez pas : je peux vous supporter… un certain temps.

Ce disant, et sans gêne aucune, elle examine Armand. Lui aussi, il faut le dire, frappe par son apparence. Son visage s'est émacié pendant les semaines de navigation sportive qu'il vient de vivre. Sous l'effet de la brise glaciale (on est à la fin de l'hiver austral) son teint est devenu celui d'un vieux loup de mer, pas celui d'un intellectuel claquemuré dans un bureau.

Un peu embarrassé, Armand demande :

– Vous êtes propriétaire du phare ?

– Locataire seulement. Je rends service à la province « Terre de Feu », la plus méridionale de l'Argentine, en assurant la garde du phare, mais mon activité principale est de faire des relevés journaliers sur le climat, la faune et la flore.

– Et, donc, vous vivez seule sur l'île des États, avec les grands oiseaux ?

– Oui, seule. Il y a du passage de cargos comme celui qui vous a déposé. Tous les six mois environ un navire océanographique me rend visite, il vient de passer le mois dernier : je lui transmets mes relevés, et il me ravitaille quelque peu. J'ai deux énormes glacières, une bonne réserve de vitamines et quantité de placards. Comme vous l'avez constaté, je possède un fusil mais il n'y a pas grand-chose à chasser ici. En revanche, par mer calme, je pêche – et certaines racines sont comestibles… Je vous fais rapidement visiter les lieux.

Michelle et Armand ne sont pas dans le phare proprement dit, mais dans une annexe en rez-de-chaussée, comportant une grande « pièce à vivre », trois chambres et des salles de stockage.

– Je vois que vous avez un système astucieux de chauffage. Heureusement, car la température extérieure est plutôt fraîche.

– Le navire océanographique me ravitaille aussi en gasoil. Par gros temps l'opération est délicate.

– Si vraiment vous pouvez, comme vous l'avez dit, me supporter un certain temps, j'aimerais rester ici quelques jours, peut-être quelques semaines, pas davantage, rassurez-vous. J'ai besoin d'une cure loin du monde connecté. Naturellement, je participerai aux tâches ménagères, et je ne suis pas maladroit de mes mains. Et, bien sûr, je paierai ma nourriture et, si vous le voulez un loyer pour ma chambre.

– Soit, fait brièvement Michelle, sans manifester un enthousiasme excessif. Nous visiterons le phare demain. En attendant, j'ai à faire. Installez-vous dans la deuxième chambre.

Resté seul, Armand s'installe en quelques minutes. Puis il sort. Le phare et son annexe sont construits sur un terre-plein d'une dizaine de mètres de hauteur. Armand contemple la mer. Le rivage est une succession de caps dont il ignore les noms, de baies, d'îlots rocheux, de récifs. La marée monte puissamment. J'ai trop longtemps pâti à batailler sur mer, se dit-il amusé. Une sorte de bien-être l'envahit. Il est maintenant à l'abri des aléas de l'océan qui l'ont tenu à l'écart de ses interrogations spectrales. Il va enfin disposer d'un temps infini pour réfléchir et se consacrer au mystère d'Atacama. La meilleure façon d'aider Rodrigo pour l'instant.

Dérouté par ce paysage où les rochers semblent liquides et les embruns solides, pointus, coupants, il décide d'effectuer une courte exploration dans l'intérieur de l'île. La neige qui recouvre le sol d'une mince couche laisse place par endroits à de maigres prairies moussues. Il longe quelques étangs gelés. Les bourrasques ralentissent sa marche et lui cisaillent les joues. Des nuées d'oiseaux à la large envergure passent en poussant des cris aigus. Puis un autre vol d'oiseaux noirs plus bruyants, aux cris rauques, semble leur répondre en tournoyant avec de brefs coups d'ailes. Un brouillard blanc les fait disparaître. Armand peine à rejoindre le phare, guidé par le bouillonnement des flots le long d'un chemin escarpé. Il aperçoit Michelle qui range ses jumelles et ses carnets.

– Quand vous sortez, lui lance-t-elle, prenez garde à ne pas effrayer les oiseaux, il ne faut pas perturber leurs habitudes.

Elle lui offre à dîner : une soupe de légumes épaisse, des champignons, des biscuits, des pommes. Il quitte la table en s'excusant : ses yeux clignotent.

– Allez donc dormir.

Il gagne sa chambre presque en titubant et dort dix heures d'affilée dans ses draps de flanelle et ses feutres laineux.

CHAPITRE 14

Chez le psy

L'été semblait pressé de partir. Fin août, il avait beaucoup plu en Engadine et les alpinistes couraient de déception en déception. Charlotte avait dû limiter ses excursions en moyenne montagne pour s'adonner plus que prévu à la méditation et à la lecture. Et puis, ce premier vendredi de septembre, tout s'était éclairci. Le bulletin météo régional annonçait du soleil, de la chaleur sans orages, de quoi bouleverser les plans des citoyens les plus raisonnables. Charlotte qui n'était ni citoyenne ni raisonnable fulminait car elle devait se rendre en ville pour son premier rendez-vous médicalisé.

Vu du train, le lac paraît gris, son gris argenté habituel. Parfois, quelques couleurs franches jaillissent comme par inadvertance ou par espièglerie. Mais de mémoire de natif zurichois personne n'a eu la chance d'y détecter le moindre rayon vert, preuve qu'il ne se prend pas pour une mer mais tout simplement pour ce qu'il est, une grande étendue d'eau, ordinaire, fréquentée par des baigneurs aguerris, à la belle saison. De l'Intercity Charlotte en aperçoit quelques-uns. L'eau doit atteindre les 17 degrés. Ils semblent prendre plaisir à s'ébrouer et à s'interpeller.

Elle se sent des fourmis dans les jambes. Elle va faire connaissance avec Hugues de Chantavoine, le psychothérapeute qui doit la reprendre en main. L'expression des responsables de son dossier l'avait amusée. Ils étaient fiers d'avoir déniché la bonne personne, un Suisse francophone, expérimenté, renommé.

Hugues de Chantavoine est sans doute le genre de type qui porte des nœuds papillons et réfléchit en mordillant sa branche de lunettes, se dit-elle légèrement contrariée. Elle n'en avait pas rencontré beaucoup dans sa vie, des intellos de ce genre. Ce serait peut-être amusant. Pourquoi ne pas prendre ces intermèdes paramédicaux comme une récréation, une occasion de flâner en ville, de faire du shopping ? Une médecine douce en quelque sorte.

Le train roule très près de l'eau sombre. Le Léman, lui, paraissait si bleu là-bas, du côté de Nyon, et les paysages si harmonieux !… L'intense discussion avec Armand avait été trop brève. Trop brefs les moments passés ensemble. Ils n'avaient pas eu le temps d'approfondir leurs échanges. Peut-être auraient-ils pu mieux saisir des notions essentielles et prometteuses, découvrir pourquoi leur entente était si précieuse.

Le départ de son ami ressemblait à une fuite. Elle n'avait reçu aucune explication sérieuse et s'était sentie blessée, humiliée. Le dernier courriel d'Armand, encaissé comme un lâchage assez moche, l'avait presque dégoûtée au moment où ils auraient pu aborder, dans la confiance et l'euphorie, les vrais sujets, ceux qui passent ou qui cassent et qui, pour elle, comptaient plus que tout à cette heure si particulière. Elle n'avait pas réussi à l'entraîner sur le noble chemin de la métaphysique. Quelle déception !

Prendre la poudre d'escampette – ce furent les mots de Francesca – en prétextant un rendez-vous incontournable avec le désert d'Atacama pouvait désorienter même les esprits débordant d'imagination. Si le psy affecté à son cas est si malin qu'on le prétend, peut-être l'aidera-t-il à comprendre.

Le cabinet, ou plutôt l'appartement bourgeois où il reçoit, est situé dans un quartier cossu assez proche de la gare. Charlotte décide de s'y rendre à pied pour se détendre et s'aérer. Elle qui fait de longues marches en altitude redoute de se retrouver quarante-cinq minutes, au moins, enfermée avec une personne chargée de scruter les profondeurs de sa personnalité. Je n'aimerais pas être à sa place, se dit-elle, facétieuse, pour se donner du courage.

Aucune plaque professionnelle n'indique aux patients inquiets ou émotifs qu'ils sont arrivés au bon endroit s'ils n'ont pas l'adresse en tête ou sur leur portable. À leur entrée dans le hall solitaire et glacé de l'immeuble imposant aucune information susceptible de les aider à trouver leur chemin – pourtant ils viennent en général pour cela – étage ? droite ? gauche ? débrouillez-vous. Voilà le sésame. Vous vous doutez bien qu'ici, dans ce lieu imprégné de névroses et d'obsessions, on va beaucoup vous demander. Des efforts, de la patience et bien d'autres tributs… Autant vous y habituer dès le seuil. On ne vous rassurera pas. En revanche, on vous offre une discrétion bon genre, tout helvétique. Personne ne saura chez qui vous vous rendez si jamais vous êtes suivi.

Charlotte se sent un peu agressée par une abondance de marbre, de miroirs, par un phénomène d'écho dans l'escalier, mais une lumière douce tempère l'ensemble. Quelques molécules d'un parfum un peu désuet flottent dans l'air, la touche des bonnes maisons. Rassérénée, ayant trouvé l'entrée du cabinet, elle sonne sans hésiter. Pas de réponse. Il faut oser ouvrir la porte qui résiste un peu. La voilà dans la salle d'attente. C'était facile. Il suffisait d'avancer jusqu'au fond du couloir. Personne dans la pièce claire. Que vaudraient les autres précautions si les patients pouvaient s'y rencontrer ou s'y reconnaître ? À quoi mènerait cette recherche appliquée de la discrétion si Madame ou Monsieur A apprenait que Madame ou Monsieur B consultait et le disait, par exemple, à Madame ou Monsieur C ?

Où va-t-elle s'asseoir ? La localisation est une donnée importante qui chez les scientifiques peut poser de grandes questions. Ici elle ne constitue qu'une entrée en matière. Charlotte hésite entre le côté fenêtre, ouverture sur la ville et le monde et le côté porte et son risque d'enfermement. Elle a aussi le choix entre un fauteuil scandinave aux lignes épurées, dur aux fesses, interdit aux échines courbées, et un canapé trois places – ils ont le sens du superflu les psys, pense-t-elle – aux coussins veloutés, profonds, presque onctueux. Elle sait que son choix n'échappera pas à l'œil exercé du praticien. Joueuse, elle choisit la combinaison coussins moelleux face à la porte, s'assied puis remarque une plante verte, un caoutchouc mal arrosé, souffreteux, quelques livres, de beaux ouvrages d'art contemporain. Elle n'en connaît pas les auteurs. Ils mettent sûrement en évidence, se dit-elle, la prégnance du corps. Les critiques d'art aiment à se gargariser de cette expression rencontrée dès les premières lignes des trois essais parcourus depuis le début de ses vacances forcées à la montagne. Les gros et précieux livres patientent sur un guéridon de palissandre, saturés de reproductions prêtes à l'emploi. Osera-t-elle réveiller ses fantasmes, regarder Cattelan en face ? Ce serait sans doute une bonne entrée en matière pour la séance. Chantavoine a dû déposer ces désinhibiteurs à dessein, mais il semble avoir ignoré, se dit-elle, que l'art sculptural ne fonctionne qu'en trois dimensions et s'évanouit à l'aplatissement. Un grand tableau attire son attention – un Soulages, un vrai, très beau. Un cadeau ? –, elle se plonge dans sa contemplation et l'attente continue.

Elle n'aura cependant pas le loisir de regarder un autre tableau, celui des tarifs des consultations dissimulé dans un angle mort. Des pas s'approchent et elle entend distinctement un « venez » prononcé sur un ton traduisant le plus haut degré de la neutralité helvétique. Elle voit apparaître le maître des lieux, un homme frôlant la cinquantaine, grêle, pâle, à la démarche circonspecte. Il se penche un peu, s'efface pour la laisser passer.

– Tournez à droite puis entrez dans la deuxième pièce, c'est là.

Là que tout doit advenir et se révéler ! Tout ce qui permettra à l'expert de vérifier puis de déclarer que Charlotte est une personne normale, sortie indemne, abîmée ou améliorée, de cette folle expérience. Il va devoir gagner sa confiance. « La personne est de nature rétive, place l'intérêt de la science au-dessus de tout », a-t-il lu dans son dossier.

Assis derrière son bureau IKEA pour les riches, il pose sur elle le regard transperçant, caractéristique des gens ayant subi une psychanalyse pour raisons professionnelles, le coup d'œil du spécialiste qui s'est épuisé à creuser toujours plus avant au fond de l'inconnu…

– Une femme comme vous, prête à tout risquer pour mener à bien une expérience scientifique, doit trouver dérisoire cette convocation chez un psy.

La voix de cet homme, ce ton sépulcral mettent Charlotte mal à l'aise. Elle s'attendait à rencontrer une personne sérieuse, elle a devant elle un personnage grave, voire inquiétant, qui parle avec une lenteur exaspérante. Sera-t-il capable d'empathie cognitive ?

Il se prend tellement au sérieux qu'il doit aller jusqu'à monnayer ses conversations privées, se dit-elle pour échapper au trouble. Il est anémié, ce type, il donne envie d'ouvrir la fenêtre.

Chantavoine semble hésiter à continuer. On le voit presque soupeser ses mots. Sa mission est d'importance. Il doit réussir. Charlotte s'impatiente. Si au moins il esquissait un sourire ! Ils auraient pu me trouver quelqu'un de plus avenant !

– Comment vivez-vous cette obligation de vous rendre, je dis bien vous rendre, chaque semaine à Zurich ? Vous rongez votre frein, j'en suis certain.

– Je pratique peu l'équitation, mais si cela m'arrive, c'est dans le rôle de la cavalière !

– Je suis absolument désolé et vous prie de m'excuser pour cette expression si maladroite. Vous avez bien fait de réagir. Disons que la glace est rompue.

– Soit ! C'était sûrement un truc pour me faire réagir et j'ai marché.

– Bon. Alors faites-moi part de vos récriminations contre l'administration qui vous complique la vie, il faut bien le reconnaître. Vous avez l'impression de perdre votre temps, n'est-ce pas ?

– Il fait exceptionnellement beau aujourd'hui, les bouvreuils chantent et j'aurais pu grimper jusqu'à 2 500 mètres pour atteindre ce refuge que je ne connais pas encore.

– Vous cherchez un refuge ?

– Oui !

– Il vous paraît difficile à atteindre ?

– Il me paraît lointain.

– Quels obstacles y voyez-vous ?

– Ça glisse, c'est trop raide, j'ai le vertige…

– Quel péril fuyez-vous, y a-t-il des animaux sauvages aux aguets ?

Après un long silence et le sentiment d'être exposée à un cerveau reptilien, Charlotte lui lance :

– Pour les animaux sauvages, je ne m'explique pas pourquoi mais je suis en présence d'une sorte d'iguane, vous savez avec son œil pinéal qui lui permet, sans avoir à lever le cou, d'être informé d'éventuelles attaques de prédateurs…

– Je crois que nous allons en rester là pour cette première séance.

CHAPITRE 15

Analyse spectrale

C'est la deuxième séance. Après quelques mots de bienvenue, Chantavoine demande :

– Dans votre conférence de presse vous avez dit : « le cobaye – vous en l'occurrence – avait neuf chances sur dix de perdre la vie. » Vous avez ajouté : « Il devenait urgent, à cause des problèmes techniques, de prendre une décision. » N'est-ce pas cette urgence qui vous a poussée, aidée à passer à l'acte ?

Charlotte regarde Hugues de Chantavoine et pense qu'il l'interroge comme un journaliste cherchant à établir des analogies, avec les kamikazes, pourquoi pas. Il tâtonne, se dit-elle, se contentant de répondre d'un sourire interrogateur.

– Vous avez aussi prononcé les mots « suaire » et « calvaire », des phonèmes qui se font écho, qui résonnent entre eux, n'est-ce pas ?

– Certes, je me sentais si seule ! Vers qui pouvais-je me tourner ? À qui m'en remettre ?

– Ne faisiez-vous pas allusion, volontairement ou non, à une absence, osons le mot : « privilégiée », celle d'une personne chère qui vous aurait, comment dire, manqué ?

– Vous voulez dire, laissée tomber ?

– Pas exactement..., murmure Chantavoine dérangé dans sa prudence serpentine.

Le silence s'installe. Le psy change de tactique.

– Alors, vous étiez Alice au pays des merveilles ?

– Oui, en pleine féerie métaphysique !

– Vous avez même dit : « Je ne saurais mieux décrire mon état durant cette période que par la formule "Je est un autre". »

Charlotte lui lance un sourire et un regard complice, les premiers depuis leur rencontre.

– J'ai dit que « l'autre » m'avait fait un merveilleux cadeau, la perception globale de mon être, non plus à un moment particulier de mon existence mais comme un « tout ».

– C'est cela ! Vous avez atteint l'Aevum : le lieu des anges qui n'a pas d'avant ni d'après. Un des indices que vous avez donnés dans votre conférence de presse, si j'ai bien compris, c'est que la réalité ultime naît de l'espace hilbertien. Dévoré par la curiosité je me suis témérairement aventuré dans les méandres des concepts de la mécanique quantique. Ils me résistent ! Je devrais pourtant parvenir à comprendre, j'ai fait durant ma jeunesse des études de mathématiques pures, dit Chantavoine sur un ton faussement modeste.

– Essayez encore, la récompense est dans l'effort ! Et surtout prenez votre temps. Encore quelques séances et je ne désespère pas de vous faire entrevoir un espace hilbertien dans toute sa splendeur, et de vous faire profiter de ma vision en dimension infinie…

– Pourquoi pas… Parmi les mots que vous avez employés, en tant que psy ce sont les mots qui m'intéressent, il y en a un qui me fascine, c'est celui qui clôt votre belle formule sur les acteurs du théâtre quantique, le mot « spectre »… Un mot…

– Un mot clé. Au cours de la conférence de presse j'utilisais aussi le mot « transfert ». Il aurait dû vous amuser.

– Certes, j'ai l'impression que les mots ont une faculté d'adaptation supérieure à celle des hommes. Mais vous, vous êtes un modèle d'adaptation réussie, puisque vous êtes devenue, grâce à votre courage, une femme quantique !

– Pour quelques minutes seulement.

– Et vous en avez conservé une précieuse trace !

– Vous voulez dire que je suis la seule à vivre avec un cerveau reprogrammé, un supplément d'âme en quelque sorte ! C'est le cas, je suppose. À vous de jauger – de juger – mon expérience quantique, ou plutôt ses résidus encore détectables.

– Noble tâche ! Mais je ne juge pas, madame.

CHAPITRE 16

Isospectralité

« Qui marche droit tombe rarement. »

Léonard DE VINCI.

Michelle organise la visite du phare pour Armand. Ils montent l'étroit escalier à vis, éclairé par des meurtrières, puis inspectent la chambre de quart et la galerie un peu plus élevée qui entoure la lanterne ; les lampes sont brisées ou absentes. Ils s'assoient sur un banc de pierre.

– Vous comptez vous remettre à vos calculs ? N'avez-vous pas besoin de livres, de crayons, de papier ?

– Je vais surtout réfléchir. Mais je veux bien de quoi écrire.

– Je note chaque jour mes observations sur les mammifères marins, comme les manchots et les otaries, et sur les oiseaux, principalement les rapaces. De plus, je suis un peu historienne, un peu écrivaine. Je ne m'intéresse plus du tout à mes contemporains, mais j'aime rédiger des souvenirs concernant... une période assez ancienne. L'histoire du Chili a été mouvementée, vous savez.

– Je ne l'ignore pas.

– J'y ai quelque peu participé. Raison pour laquelle j'ai fini par être très mal vue à Santiago. De bons esprits m'ont même surnommée « la Sorcière ».

Armand repense à la colère du capitaine de *la Licorne* mais se tait, espérant des confidences supplémentaires. Toutefois, Michelle change de sujet.

– Je vous laisse à vos méditations. Je dois faire mes relevés. À tout à l'heure. Ne vous attardez pas trop en haut du phare.

Armand, livré à lui-même, plonge dans ses souvenirs. Il revoit le grand livre illustré, un peu lourd pour ses genoux de 10 ans…

Cet été-là, Figanières, dans le Var, bat des records de température. On n'arrose plus les jardins. La fraîcheur de la vieille maison est réservée aux grandes personnes à bout de patience. Il leur a fallu ruser pour se ménager une heure de sieste. Pendant la canicule, le seul devoir de vacances consiste à s'éloigner de la maison pour ne pas déranger les adultes qui, eux, dorment encore l'après-midi. Les copains, les cousins et les frères ont investi le verger, leur terrain de foot par défaut.

Armand se réfugie au milieu du bosquet, à l'ombre des grands pins, dans la cahute, une cabane presque effondrée dont on a oublié l'usage, sans doute réserve à bois pour la partie inférieure, minuscule grenier pour l'étage où l'on accède par une échelle de meunier. Le plancher gondolé, troué par endroits, n'inspire confiance qu'aux gamins vraiment décidés. Là se trouve la meilleure place, comme dans les poulaillers. Armand lit rarement ailleurs. Ailleurs, il ne goûte pas le même plaisir, ni cette vague odeur de foin et de sciure, vestige d'un autre âge qui se laisse flairer.

La chaleur donne le vertige, la hauteur du phare aussi. Au fil des pages, le jeune lecteur s'est installé près de la lanterne, a pris possession des lieux et des paysages. Prudent, il a choisi son coin comme un chat son coussin. Un après-midi particulièrement étouffant, il a une vision... plutôt une révélation, une certitude. Il se voit dans ce phare du bout du monde, en chair, en os, pour de vrai, en grand garçon. Certitude absolue, comme un éclair de lucidité. Pourtant Armand ne croit pas à toutes ces fariboles ! C'est difficile à admettre, mais il le savait de tout temps qu'il viendrait un jour ici. Comment et pourquoi ? Peu importe.

Protégé des brigands et des cris des cousins, il s'arrête souvent de lire pour essayer de deviner par quel stratagème les héros vont sauver leur peau dans l'île des États. Que ferait-il à leur place ? Parfois, vaincu par la chaleur accablante, il se laisse glisser vers les quarantièmes rugissants. Il rêve souvent qu'il double le cap Horn. S'il aime autant Jules Verne, c'est d'abord pour ses histoires de marins et de capitaines.

Dans l'après-midi, le temps change. La force du vent s'accroît. Le ciel devient menaçant. Sur le port de Marseille, il venait visiter les grands cargos aux cuivres rutilants. Les enfants des écoles étaient invités à bord. La Ligue maritime et outre-mer souhaitait leur donner envie de s'engager dans la marine. Il se demande comment il a échappé à l'École navale, captivé qu'il était par les romans de Jules Verne, les aventures de Tintin… d'autant plus qu'il avait le niveau en maths pour l'intégrer. Fermeture du canal de Suez ? Il s'embarquera dans un autre voyage au long cours. Une vie de chercheur, d'autres escales, beaucoup de questions, de mystères, de farfadets aussi. Des pentes abruptes avec des météos capricieuses, de merveilleux panoramas, des doutes, beaucoup de doutes mais des aurores boréales, encore des questions. Des états de grâce et des états de glace, des doutes… toujours des questions – et aujourd'hui un spectre, le spectre du désert.

De longues lames se forment, couronnées d'écume. D'après ce vacarme, un orage se prépare, peut-être un ouragan.

Le chant des cigales avait bercé la lecture du roman ; il n'avait pas imaginé un climat aussi hostile ni un paysage aussi désolé. Il est 3 heures de l'après-midi… On n'aperçoit presque plus les immenses blocs de roches grises. Les grands oiseaux ont disparu.

Il ne s'attendait pas à trouver une femme ici. Une gardienne de phare ornithologue ! Aurait-il préféré être seul maître à bord ? Seul avec son spectre et ses rêveries d'enfant.

Quand il redescend, il entend Michelle chanter d'une voix de contralto. Le dîner ne traîne pas en longueur. Par moments, les rafales sont si bruyantes que la conversation, presque aussi sommaire que le repas, s'interrompt. Ici pas de doute, c'est la nature qui impose sa loi, pense Armand. Il se couche en se disant qu'heureusement son hôtesse est discrète, très occupée et ne semble pas bavarde. Elle respectera son quant-à-soi. Il s'endort malgré le fracas assourdissant des vagues qui déferlent contre les rochers.

Une heure plus tard, il sent la présence d'une femme qui s'est glissée sous les draps de flanelle… Armand pense fugitivement à Charlotte… Aller au bout du monde pour se perdre dans les rets d'une ornithologue ! Le flash prémonitoire ne l'avait pas laissé entrevoir…

Le lendemain, Armand, qui a peu dormi, monte dans la galerie du phare. La tempête est dans toute sa force. Des lames de 6 à 7 mètres de hauteur s'écrasent sur les falaises avec violence.

Il s'assied dans un des vieux fauteuils déglingués. Le siège n'a rien de voluptueux. De fauteuil, il est devenu un objet aux éléments désassemblés dont on a presque oublié la fonction. Armand n'a guère envie d'analyser son état approximatif, alors il plonge dans une crise d'empathie salvatrice. Contemplant le spectacle de l'océan hurlant et déchaîné, il songe à tous les laissés-pour-compte, ces cabossés de la vie, ces estropiés, ces naufragés, ces animaux abandonnés, jusqu'à ces fleurettes méprisées, le long des chemins creux du Perche, jamais regardées, jamais respirées. Je vais replonger, se dit-il en pensant à ces misérables petits problèmes mathématiques, patientant dans leur coin obscur, négligés de tous, trop insignifiants pour apporter la reconnaissance. Toutes ces équations ballottées entre la curiosité et le désenchantement, et toutes celles qui végètent sans trouver preneur. Quelle injustice ! Probablement mon spectre finira-t-il seul et délabré comme une femme laissée sur le bord d'une route désertique. Il mourra de sa belle mort. Armand vaincu par cet accès finit par s'endormir.

Dans son rêve, ni confessionnal ni femme fatale. Le fracas des vagues devient le battement d'un tambour. Un vieil Inca manie les baguettes. Le roulement du tambour s'amplifie. Armand a lu autrefois un article mathématique célèbre intitulé : « Peut-on entendre la forme d'un tambour ? » Dans cet article, l'auteur demande comment remonter du son du tambour et de son analyse spectrale à la forme de la membrane vibrante.

Il voit en rêve les jolis exemples de formes qui donnent le même spectre, qui ont la même gamme sans pour autant être les mêmes. L'une correspond à Michelle, l'autre à Charlotte. Les deux femmes sont-elles isospectrales ? C'est le vieil Inca qui les teste avec sa baguette et il est capable de donner la correspondance d'une gamme à l'autre.

Deux formes isospectrales découvertes
par les mathématiciens C. Gordon, D. Webb et S. Wolpert.

La ressemblance entre ces formes et les motifs incas réveille Armand. Le spectre d'Atacama serait-il le spectre d'une sorte de tambour astronomique ? Il voudrait reconstituer ce tambour, qui doit être bien étrange vu la bizarrerie du code-barres.

Il s'est déjà posé ce genre de questions durant son errance avec Felipe dans le désert. Mais il ne possède qu'une partie du spectre, il faudrait espérer que le reste n'ait qu'une importance négligeable. De toute façon, il lui manque des outils informatiques qui seraient nécessaires pour effectuer les énormes calculs. Il songe à la salle d'informatique du CERN entrevue lors de sa visite guidée avec Charlotte. Il revoit aussi le grand maître des machines, Ali Razavi, l'homme au regard percutant et aux baskets neuves qui lui avait adressé un petit signe amical comme s'il avait eu envie de l'intégrer dans son équipe d'as de l'informatique.

Armand, qui est redescendu, se sent mal à l'aise, agacé de constater à quel point le spectre d'Atacama l'obsède. Il n'en vérifie pas moins qu'il est toujours là, dans sa poche, au chaud. Pendant ce temps Michelle s'affaire dans la cuisine. Des bruits de vaisselle et de casseroles parviennent à Armand. C'est un signal. L'hôtesse souhaite l'aide ménagère promise…

Après le déjeuner, d'une sorte d'office leur parvient un bêlement vigoureux et revendicatif.

– Tu ne connais pas encore Capriola ! Pour l'instant, elle est à l'abri du froid. Tu la verras demain. Il faut savoir qu'elle a ses têtes…

– C'est donc grâce à ce capridé que tu fabriques ce délicieux fromage. Caches-tu d'autres animaux dans ta grotte ?

– Tu le sauras un jour…

– Tu m'inquiètes… Pour le moment, je vais essayer de travailler.

Il voulait plutôt dire « mettre ses idées en place ». Il appartient à la vieille école et trouve sa relation charnelle avec son hôtesse absolument précipitée. Il se sent bousculé dans son tempo sentimental. Cette femme, songe-t-il, n'est vraiment pas romanesque, elle ne respecte pas les règles du jeu !

La pensée de Charlotte l'empêche de s'installer dans sa chambre, lieu de sa forfaiture. La tempête déboulant des montagnes, il se réfugie dans une pièce minuscule correctement chauffée, à l'abri des courants d'air. Sous d'autres latitudes et dans une demeure d'un autre style, on aurait pu l'appeler un boudoir, où il fait bon lire, méditer, pourquoi pas somnoler. Michelle ne lui avait pas fait visiter l'endroit. Un élégant petit meuble, sûrement rescapé de turbulences océaniques ou politiques, lui rappelle le bonheur-du-jour de sa grand-mère. Il y déniche un trésor : le premier tome du *Traité de rythme, de couleur et d'ornithologie* d'Olivier Messiaen, trésor qui rassure Armand un peu désemparé, en créant une passerelle entre ses marottes et le jardin secret de la gardienne de phare… Mais le livre comporte une dédicace : *À ma petite Micaela en souvenir de nos échanges*, signée Gustavo, une date effacée.

Cette Michelle si entière possède donc une personnalité complexe, déconcertante… Des souvenirs assurément, des échanges ?… Dans quel domaine ? Le voilà saisi d'une ombre de jalousie – le « Micaela » l'intéresse mais il se demande surtout à quoi ressemblait ou ressemble ce Gustavo. Était-il jeune au temps de ces échanges ? Son hôtesse avait-elle voulu mettre à part cet ouvrage ou était-ce pure négligence ?

Cette agaçante question, il vaudrait mieux lui faire prendre un peu l'air et surtout revenir à mon vrai sujet, à mes moutons se dit Armand. Dès qu'il essaie de sortir pour respirer l'atmosphère du large et se désembrumer l'esprit, il a l'impression d'être prisonnier d'un congélateur, mais il a besoin de bouger, d'avancer. La tempête s'est un peu calmée.

Revenu auprès de Michelle, il lui demande :

– Où pourrais-je aller marcher, affronter le vent et les embruns ? J'ai besoin de réfléchir et je n'y réussis qu'en marchant d'un bon pas.

– Alors tu veux faire un grand tour, seul ?

– Si tu m'accompagnes, je ne serai pas causant.

– Bon, ça ne m'amuse pas, le sol glisse trop en ce moment.

– Dis-moi dans quelle direction partir… Je serai là pour le thé.

Michelle lui conseille de prendre la direction du cap San Juan. Il pourra admirer, à condition que le brouillard se lève, une succession de petites criques, d'îlots et de récifs. S'il va jusqu'aux falaises, il contemplera l'incomparable furie de la mer. Deux océans mêlant leurs eaux déchaînées devraient répondre à son besoin d'espace et d'oxygène iodé. Peut-être réussira-t-il à se creuser un chemin à travers les blocs erratiques qui, pense-t-il, encombrent toujours son itinéraire de recherche.

Chaussé de baskets fatiguées et coiffé d'un bonnet bleu et jaune, il quitte son hôtesse sur un petit signe amical. Elle le regarde s'éloigner, souriante. Elle vient de lui indiquer son excursion préférée.

Esprit compliqué, spécialiste non du mélange des genres mais du genre ambigu, Armand songe souvent à Charlotte non plus pour se complaire dans les regrets mais pour se poser les questions sans prétention de l'amoureux classique : où peut-elle être en ce moment, pense-t-elle à moi parfois ? Les naïves interrogations de l'homme sensible qui marche dans la nature tout en essayant de réfléchir à autre chose et qui se sent vaguement coupable.

Sans le vouloir, tout en le voulant, il se laisse guider par une espèce d'intuition et ne prend pas la direction du cap San Juan. Il lui faut lutter contre le vent. Le sol est glissant, plein d'obstacles. Armand avance comme s'il avait un but précis, il n'a plus froid. Pour l'instant, il ne veut rien s'avouer et laisse flotter le précieux doute, s'en délecte, manque de tomber.

L'émotion le gagne, il sent qu'il s'approche de son objectif : un minuscule îlot, absolument quelconque, qui l'a détourné de sa route, l'a poussé à avancer dans les rafales et le brouillard ; ce tas de cailloux, nommé île Dampier, morne et désolé, à 2 milles nautiques de la côte, il l'a aperçu entre deux nuages bas et il vient de disparaître. Et Charlotte où est-elle à ce moment précis ?

Puis il se secoue : Bon, mission accomplie ! Et alors ? Pas grand-chose à en dire de cette île, pas la peine de se mettre dans tous ses états ! ricane Armand revenu aux crispations du scientifique.

La confession a tourné court.

Maintenant, il s'agit de regagner le phare. Il y va à reculons car, après tout, il se trouve là-bas impliqué dans une situation qu'il n'a pas choisie.

Il rumine. Tout en marchant dans les rochers luisants, il sort le spectre d'Atacama de sa poche pour l'examiner. Et, brusquement, il se retrouve allongé sur le dos, spectrifié, incapable de bouger, à peine conscient d'avoir fait une chute et subi un choc. Seule son expérience des accidents de ski et du léger mal au cœur qui caractérise une fracture lui permet de diagnostiquer qu'il vient de se casser un os. Après quelques essais de mobilité de ses membres, il est certain qu'il s'agit de sa jambe droite.

Quelle idée de m'approcher de cette île perdue !

CHAPITRE 17

Intrication sentimentale

Pendant la quatrième séance, elle regarde Hugues de Chantavoine et voit en lui un professionnel qui sort ses grilles d'analyse, sans les montrer bien sûr. Il a tout dans la tête. C'est la moindre des choses.

Le timbre de sa voix n'a malheureusement pas changé ni son teint pâlichon. Les séances se sont installées dans une morne routine. Comment ne pas s'ennuyer au cours des prochains entretiens ? Certes, il lui a fait remarquer qu'elle avait une mémoire particulièrement précise et profonde ; il a dit : « hyperréceptive aux stimuli environnementaux », en faisant une pause entre « environne » et « mentaux ». Tous deux ont esquissé un sourire mais chacun n'en pensait pas moins dans son coin. Elle a beaucoup parlé des détecteurs en essayant de ne pas jouer sur les mots. À propos d'Armand, elle a été généreusement discrète. Chantavoine l'a bien sûr interrogée sur son ressenti au cours de l'expérience ; les questions les plus pertinentes concernaient l'après-épreuve. Jusqu'à maintenant, il ne semble pas avoir découvert grand-chose et elle ne s'est pas beaucoup amusée.

Il y a bien un détail dans la personnalité de cet homme, un aspect intéressant qui, convenablement géré, pourrait servir d'amorce à une transformation de ces séances en parties plus animées, au moins pour Charlotte devenue une scientifique hédoniste depuis qu'elle est revenue de loin, de très loin mais pas de tout. Chantavoine est un thérapeute perspicace, encore trop consciencieux à ses yeux, trop concentré sur sa mission, enfermé dans son rôle. Pourtant, sa patiente a noté, une fois et pendant quelques secondes, une curiosité débordant les limites de sa tâche. Le jour où elle a évoqué les espaces de Hilbert, elle a senti vibrer, chez cet agaçant placide, comme une appétence de connaissances mathématiques, presque une excitation incontrôlée. Était-ce simplement dû à un prédicat aux vertus dilatantes pour un homme bien trop confiné ? À chacun ses bulles de champagne ! Était-ce une envie plus profonde ? Elle est tentée d'en avoir le cœur net. Elle a senti qu'un déclic suffirait à lui faire pratiquer son métier autrement.

Cela dit, les séances suivent leur petit bonhomme de chemin. Sans doute progresse-t-on, qui sait ?

Le jour de la cinquième séance un nouvel élément s'apprête à entrer en jeu. On l'appelait Kairos, chez les Grecs. Il fallait le saisir par son unique mèche de cheveux. Chantavoine a déplacé le rendez-vous à 20 heures car il doit rencontrer le prof de maths de son fils, et Charlotte est arrivée chargée de paquets. Elle a traîné en ville et fait des emplettes : un jean, des ballerines et un amour de sac de voyage. Passant devant une mercerie pimpante, à l'ancienne, elle n'a pas résisté au plaisir d'acheter quelques écheveaux multicolores de coton à broder – activité qu'elle n'a jamais pratiquée – et les aiguilles appropriées. La mercière n'a pas caché sa surprise quand elle a vu la cliente se pencher longuement sur les codes-barres des articles et les scanner avec son smartphone au lieu de vérifier la qualité du fil.

Charlotte installée dans la salle d'attente sur les coussins moelleux admire sa collection de codes-barres. Depuis que son smartphone est équipé pour, elle en use et abuse. Si son psy savait ça, tra-la-la !

Elle sort de son cabas un élégant paquet aux dimensions modestes qu'elle garde à la main quand Chantavoine vient la chercher avec son « Venez » traditionnel.

Pourtant, cette séance va peut-être échapper à la routine. Le praticien prie Charlotte de s'asseoir, sur le ton presque enjoué du parent d'élève soulagé.

La patiente vient encore d'évoquer l'épreuve de la conférence de presse. Elle a fait des gestes révélateurs consignés avec assurance par le spécialiste qui bâtit peu à peu un compte rendu charpenté.

Au moment où elle dit : « Ensuite les choses se sont précipitées, je ne me sentais plus la maîtresse à bord », Chantavoine, aux aguets, s'apprêtant à demander : « Qu'entendez-vous par là ? », voit Charlotte blêmir et se mettre à trembler légèrement.

Elle parle avec difficulté, hésite, semble avoir du mal à articuler.

– Main-te-nant le brou-illard se lève…

Il a l'impression que quelqu'un d'autre lui dicte son texte ou qu'elle le traduit. Elle transpire abondamment, se penche d'avant en arrière sur sa chaise, comme si elle souffrait.

– Dans une heure on ne verra plus la côte – où est-il ?

– Vous ne vous sentez pas bien ? demande Chantavoine, encore plus pâle que d'habitude.

– Pas du tout bien. Tout bouge autour de moi, j'ai si froid, il y a trop de vent.

– Que vous arrive-t-il ? Décrivez-moi vos symptômes, fixez un objet sur le bureau, le téléphone, par exemple.

– Difficile. Grande fatigue – isolement – gorge serrée – essoufflée – j'entends le bruit de la mer – j'ai mal aux jambes et au cœur.

– Où êtes-vous donc ?

– Loin, très loin – je vois une terre et…

– Et ?

– Même la possibilité d'une île.

– C'est un automatisme. De grâce, ne mêlez pas Houellebecq à cela ! Revenez – revenez !

Charlotte est proche de l'évanouissement, elle continue à se balancer sur son siège. Il essaie de la stabiliser mais commence à transpirer lui aussi.

– C'est à cause d'une île.

– Êtes-vous allergique à l'insularité ? demande Chantavoine, de plus en plus inquiet

– Je ne crois pas. Il se passe quelque chose de grave là-bas, dit-elle, en poussant un cri.

– Ne vous mettez pas dans tous vos états.

– Je vois mieux, il faut le sauver. Je sens monter la marée.

– Non, c'est votre angoisse. Tendez-moi vos mains, regardez-moi.

Il s'assied à côté d'elle. Le tremblement s'accentue, elle le lui communique. Il commence à envisager une intervention des pompiers.

Elle lit en lui :

– Non, il y a déjà trop d'eau et Armand est malade, il a mal !

Chantavoine essaie de résister à l'affolement. Il se lève pour aller chercher un calmant, puis, soudain : SUIS-JE BÊTE ! Elle me fait une transe, une transe sévère, mais ça va passer ! Rester près d'elle, surtout l'empêcher de tomber, lui parler et l'écouter, écouter.

Ayant retrouvé son sang-froid et son professionnalisme, il prend de nombreuses notes tout en surveillant Charlotte du coin de l'œil. Il doit absolument profiter de cette occasion inespérée pour enregistrer le plus de données possible. Cet état de crise est une mine d'or. À moi de saisir cette chance, se dit-il, en admirant l'abondante chevelure de sa patiente, car il faut empoigner le Kairos par les cheveux. Il a compris qu'il venait de trouver ce qu'il cherchait depuis le début : les séquelles de l'expérience organisée et vécue par la physicienne, avec un courage surhumain, dans les profondeurs du CERN. Comprendre, analyser, commenter, tout cela se révélera passionnant, complètement inédit. Ce sera la gloire, les honneurs, la fortune ! À ce moment-là Chantavoine révèle ses solides compétences. Il n'a pas laissé passer l'occasion, il n'a pas appelé les pompiers. Il sait que la réussite dans son métier tient à presque rien. C'est un grand spécialiste. Charlotte a, semble-t-il, acquis des capacités de médium, mais de médium d'une nouvelle espèce. Elle serait branchée parfois sur des forces qui lui donnent accès à des pouvoirs encore inconnus. L'aventure ne fait que commencer…

Je sacrifierais mon cabinet, même toute ma patientèle, songe-t-il, pour pouvoir traduire en mots cette transe miraculeuse ! Naturellement, il faudra tout cacher à l'intéressée, qui risquerait de se soustraire à l'enquête rémunératrice.

Quelques minutes plus tard Charlotte, revenue à elle, a oublié son état second. Chantavoine lui explique qu'elle a connu une sorte d'hypnose. Il lui offre un cordial et elle se met à parler de ses achats puis repense à cet élégant paquet qu'elle lui tend gracieusement :

– Permettez-moi de vous offrir ce souvenir. Il semble que nous ayons bien progressé aujourd'hui, d'après ce que vous venez de me dire.

Hugues de Chantavoine hésite (peut-être ressent-il quelques remords), accepte le cadeau et découvre un livre rouge barré de noir :

The Principles of Quantum Mechanics
par Paul Dirac.

Une légère rougeur envahit ses joues crispées. Il entrevoit la possibilité d'un accès à l'espace hilbertien. Mais, légèrement perverse, Charlotte songe que c'est une chose de connaître le nom d'un grand scientifique, de le citer à bon escient, de s'amuser à le répéter parce qu'il sonne bien comme ces noms vieille France, à la Mauriac, c'en est une autre de tenir entre ses mains cette sorte de bible, témoin du grand chambardement de la physique. Tout est là, enfermé. Il faudra ouvrir le livre, essayer d'avaler la superposition des états, les vecteurs bra, les vecteurs ket et leur accouplement « bra-ket » qui veut dire « crochet » et qui donne un nombre complexe. Ces nombres s'ajoutent quand on superpose les états. Alors s'ouvriront peut-être les portes de l'espace hilbertien.

CHAPITRE 18

Aucun homme n'est une île

Voilà Armand à terre, sur un sol ingrat et glacial, incapable de bouger, malgré ses efforts. Furieux, il maudit le vent assourdissant et le reste du monde. L'inquiétude le gagne. Il faut réagir. Est-il à l'abri de la marée montante ? Tant qu'il ne souffre pas, il doit essayer de ramper. Impossible ! Pourtant quand on veut on peut ! lui répétait son père au cours de séances mémorables d'apprentissage des accents. Distinguer l'aigu, le grave, le circonflexe est un jeu d'enfant pour les gens nés au-dessus de la Loire ! Mais, quand on vit du côté de Marseille, on les met tous dans le même panier, ces satanés accents. On n'a pas l'oreille sensible à ces sortes de nuances phonétiques. Alors on piétine, on s'affole, on se plante, on se fait tirer l'oreille gauche pour les graves, l'oreille droite pour les aigus et jamais on ne s'y résigne.

« Quand on veut on peut ! » se répète-t-il en s'examinant. L'état des lieux n'est pas encourageant. Il lui paraît invraisemblable de se retrouver cloué au sol, comme Robert Jordan. Dans *Pour qui sonne le glas*, Armand n'avait jamais compris, jamais admis – cette question le taquinait souvent – comment un gars si courageux et si débrouillard n'avait pas réussi à sauver sa peau une fois blessé à la jambe en fuyant tant bien que mal, puisque sa blessure n'était pas mortelle.

À sa place, il… Eh bien, à sa place, il s'y trouvait ou presque, en moins dramatique, et pourtant il était complètement immobilisé parce que ses muscles ne lui obéissaient plus. Incapable de faire mieux que Gary Cooper dans le film ! Un Gary Cooper qui l'avait d'ailleurs déçu pour une autre raison. Pourquoi avoir accepté de jouer les bellâtres dans un navet ?

Le temps passe. Maintenant Armand réfléchit rationnellement. Oui, Michelle va finir par le chercher. Il rentrait, pas du bon côté, mais il n'est pas très loin du phare et elle l'apercevra peut-être en inspectant les environs à la jumelle.

Le temps s'étire…

La marée monte, les flots bouillonnent.

Au moment où Armand aperçoit enfin son amie les crampes s'emparent violemment de sa jambe et la douleur le fait crier. Michelle constate, réfléchit et dit :

– Impossible de te porter, il va falloir que je te traîne sur un brancard de fortune. Tu es sûr que c'est cassé ?

– Tu vois bien… Tu ne peux pas savoir comme j'étais content d'apercevoir ton ciré. Je commençais à envisager le pire. Les accidents n'arrivent jamais seuls.

– Tais-toi, espèce de pessimiste. Je repars chercher mon attirail. Le canot se trouve derrière les rochers, la marée ne montera pas plus haut et le vent va se calmer. Une belle branche d'arbre fera l'affaire comme attelle. Une fois arrimé sur la civière, je te traîne, je te fais glisser sur le canot et je te ramène à la maison tranquillement. Essaie de respirer régulièrement et de trouver une position supportable.

– Impossible, c'est épouvantable.

Il gémit.

Michelle regarde la jambe qui s'agite et se désole de ne pouvoir le soulager.

– D'ici moins d'une heure, tu es dans ton lit, au chaud, avec des calmants et une bonne soupe.

– Dans ma trousse de toilette, tu vas trouver un médicament, le Tilcotil. Apporte-le. C'est un anti-inflammatoire, ça va peut-être me soulager.

– Je crois avoir un produit plus efficace.

– Fais vite, ne glisse pas, sois prudente !

En peu de temps, Michelle a prouvé qu'elle était une femme forte, aguerrie et réactive. Elle a réussi à installer son hôte dans sa chambre. Armand souffre. Il est au bord de l'évanouissement quand il sent qu'on lui fait boire quelque chose.

– Merci, merci infiniment, dit-il, en regardant sa pauvre jambe anarchiquement agitée.

Au réveil, il devine, en tâtonnant, un appareillage qui maintient sa jambe immobile. Il a moins mal.

– Il va te falloir être patient et rester allongé six à huit semaines si tu veux que ton os se ressoude correctement.

Tu as de la chance il n'y a pas de déplacement. Tu peux me faire confiance, j'ai été secouriste dans une autre vie.

– J'avais prévu de rester un peu ici… Mais… je vais t'encombrer et t'obliger à jouer les gardes-malades, un rôle ingrat que tu n'as pas choisi.

– Pas choisi, tu dis vrai, mais je sais m'occuper d'un invalide… pardon, d'un accidenté.

Elle rougit. Armand cesse de penser à sa jambe. Posera-t-il des questions à son hôtesse ?

– J'ai à faire, je te laisse, essaie de te rendormir.

La vie s'organise tant bien que mal. Grâce à cette drôle de liqueur verte au léger goût d'anis dont Michelle octroie quelques gouttes à Armand matin et soir, il contrôle sa douleur. Mais il a des difficultés à réfléchir. Les premiers jours, Michelle propose à son hôte, pour le distraire, une sorte de jeu de patience : tamponner les nombreuses lettres de philatélistes passionnés. Le bateau les a déposées lors de sa dernière escale. Normalement, elles sont oblitérées à bord mais, cette fois-là, le commandant, dépassé par les intempéries, en a décidé autrement et a demandé son aide à Michelle en ajoutant : quand on collectionne des trucs pareils, on n'est pas à six mois près. Les philatélistes recherchent des cachets rares et celui du bout du monde est particulièrement apprécié. Armand prend au sérieux son rôle de postier, ravi de faire plaisir aux amateurs.

Peu à peu, il a l'impression de faire de l'os. Il rend grâce non seulement à Michelle qui le dorlote comme si c'était sa seule occupation, mais aussi à Capriola, la pourvoyeuse en lait et en fromage dont il se gave avec gourmandise.

CHAPITRE 19

L'île des États d'âme

Armand occupe son temps à exploiter les subtiles variations sur le thème : dis-moi ton tourment et je te dirai qui tu es. Il noircit quantité de papier à défaut de scruter le spectre qu'il a égaré lors de sa chute et qui ne fait plus partie de ses obsessions.

Cette plante mexicaine – comment se l'est-elle procurée ? – se révèle très efficace. Je me demande si mon experte en pharmacopée en cache des réserves. Sans doute. La douleur se dissipe peu à peu et fait place à un répit de quatre heures. Ma jambe s'éloigne, me quitte. Devenue abstraite, elle ne m'appartient plus. Il m'arrive de la voir flotter dans la chambre, se balader au-dessus de la porte. Moi je suis comme en apesanteur, si léger, si délesté. La légèreté du rêveur, du flâneur ? Plus de gravité, plus de douleur. Pourtant la souffrance a de bons côtés. Je ne me croyais pas capable d'écrire ces mots. Elle m'occupe entièrement, barre la route à mes démons toujours prêts à susurrer : « Comment démontres-tu ce lemme ? Donne-moi tous les détails. » Je n'ai jamais réussi à les tenir à l'écart très longtemps. Combien de fois, en promenade dans les champs,

en Normandie, me suis-je assis sur le premier talus venu, assailli par des doutes concernant la validité d'une preuve ou d'un calcul qu'il me fallait refaire mentalement dans l'urgence ? Comme j'enviais alors la sûreté du résultat d'un travail manuel, et les tâches de ces hommes qui ont le pouvoir de transformer le paysage ! Splendeur des champs de blé !
Souvent, en les croisant, j'imagine à leur bref salut une légère envie de mon apparente oisiveté d'intellectuel. S'ils connaissaient mes angoisses dans ces moments-là, sans doute diraient-ils goguenards : « Il se complique drôlement la vie pour pas grand-chose, ce feignant ! »
Mais quand j'ai mal, la hiérarchie de mes pensées est bouleversée. Dans un sens, cela me soulage. Plus rien ne compte que ce membre perclus. Problème circonscrit, limité à un os. Les angoisses métaphysiques peuvent attendre. Patientez, sœurs filandreuses ! Protégé du regard narquois des étoiles par une triple couette de nuages, de duvet d'oie et de laine de lama, je sens que je finirai par entendre la musique des formes.

La chambre, munie d'un bon poêle, ne donne pas sur la mer. De refuge, elle aurait pu, à la longue, se transformer en prison, mais Armand a la chance d'apprécier la musique contemporaine et de s'intéresser à la recherche de sons écologiques. Le vent, les oiseaux, les lames se fracassant contre les rochers lui offrent des récitals continuels ; il découvre là aussi d'infinies variations. De temps à autre, il perçoit une sirène lointaine, celle d'un cargo ou d'un paquebot qu'il imagine un peu désorienté dans les embruns et donnant de la voix comme on se met à parler tout seul pour se rassurer les soirs de vague à l'âme dans les demeures isolées.

Pourra-t-il, un jour, se passer du breuvage et des longs entretiens avec cette femme du bout du monde ?

Aidé de mes cannes de fortune, je commence à sortir de ma chambre. Pour la première fois je remarque dans la pièce principale une affiche d'assez grandes dimensions, une carte ancienne trop peu détaillée de la Terre de Feu. L'île de la Désolation me saute aux yeux. J'ose à peine regarder le fjord nommé détroit de l'Ultime Espérance.
Devant cette carte du Tendre australe, je reste perplexe et consterné : quelle indigence ! Quelle attirance pour l'impasse ! Pas étonnant que Michelle ait sauté les approches et les petits soins, et qu'elle ne m'ait jamais envoyé de billets doux !

La saison de nidation arrive. Michelle, très occupée dans la journée, rend le soir une sorte de visite de courtoisie à son convalescent.

– Ce matin je t'ai regardé marcher. Tu progresses, tu es plus assuré ; tu devrais essayer de supprimer un de tes bâtons. Si on m'avait dit que ces belles branches de hêtre de Magellan serviraient un jour de cannes anglaises !

– Tout peut arriver ici ! Je suis bien placé pour le savoir !

– Maintenant il faut que tu veilles à ne pas prendre de mauvaises habitudes. Je vais te faire faire un peu de kiné, sinon tu continueras à boiter.

– Je te soupçonnais d'avoir de solides notions d'anatomie, tu t'y connais en kiné ! Et en beaucoup d'autres choses... Il y a longtemps que je me pose des questions.

– Vraiment ?

– Cela m'intéresse plus que tu ne crois. Tu m'as dit, quand j'ai débarqué – si j'ai bien compris – que tu t'étais installée ici par dégoût du genre humain, ou quelque chose de ce genre-là.

– C'est vrai, ici on me fiche la paix. Ailleurs, tu le sais, on m'appelle « la Sorcière ».

– Pourquoi ? Explique-moi !

– Je t'ai déjà dit, la politique, les embrouilles, les articles, le besoin de comprendre qu'on ne vous pardonne jamais.

– On ne peut pas être plus isolé qu'ici. Tu es devenue complètement misanthrope ?

– « On m'appelle misanthrope parce que j'évite la société. Erreur ; j'aime la société. Mais pour ne pas haïr les gens, il me faut éviter leur compagnie. » Tu sais peut-être qui a dit cela ?

– Je crois le savoir... Caspar David Friedrich ? Il a quand même introduit des hommes et des femmes dans certains tableaux !

La Mer de glace ou l'Espoir déçu *(1823-1824), huile sur toile de Caspar David Friedrich, Kunsthalle, Hambourg,*

(© Wikimedia commons.)

– Oui, mais vus de dos et les plus beaux tableaux sont exempts de présence humaine !

– Comme *La Mer de glace* ?

– Tu oublies la moitié du titre : *La Mer de glace ou l'Espoir déçu* !

Il sent que Michelle n'en dira pas davantage...

Armand, qui consacre chaque matin une vingtaine de minutes à des exercices de kiné, savoure ses progrès et les commente pour faire plaisir à Michelle, si attentive.

Un soir, au retour de sa tournée quotidienne elle rapporte à Armand le spectre qui s'était envolé lors de sa chute.

– La feuille était coincée entre deux rochers, quelque peu protégée de la pluie mais elle aurait fini par disparaître. Ici la tempête vient à bout de tout, tu sais…

Armand hésite, regarde Michelle, puis tend timidement la main vers la feuille de papier effrangée, trempée, guère avenante. Les couleurs sont un peu délavées, mais le spectre est là, entier, péremptoire.

– Ce spectre me poursuit, je n'y échapperai jamais, murmure Armand d'une voix traduisant l'accablement.

Un ange passe…

– Moi aussi, j'ai mon spectre…

– Gustavo ?

Michelle pâlit, détourne la tête, elle a les larmes aux yeux. Armand regrette déjà sa question. Gêné, il lui prend la main sans oser la regarder.

– Pardonne-moi, je suis si maladroit ! Je m'en veux !

Elle soupire, hésite, puis :

– C'était quelqu'un de très original, un musicien à la fois compositeur et concertiste… c'était mon père. Il a disparu au moment du coup d'État. Tu es content ? Tu as dû fouiner pour tomber sur ce prénom ?

Armand confirme et avoue qu'il n'avait même pas pu, lors de sa découverte de la dédicace dans le livre de Messiaen, envisager une autre hypothèse que l'existence d'un rival.

– C'est lamentable, dit-il tout bas.

– Pas étonnant, tu es un homme !

– Tu sais dans quelles circonstances il a disparu ?

– Non ! J'ai cherché longtemps les restes de mon père, comme bien d'autres femmes leurs êtres chers, près du camp de concentration dans le désert d'Atacama où Pinochet enfermait les opposants.

– Et… tu n'as rien trouvé…

– J'ai vu tant de femmes s'épuiser à creuser le sol autour de ce camp, que j'ai fini par sublimer ma recherche : retrouver l'âme de mon père dans l'étude des chants d'oiseaux, passer ma vie dans la multitude de leurs sons et de leurs rythmes.

Michelle continue en murmurant :

Que una paloma triste
muy de mañana le va a cantar
a la casita sola
con sus puertitas de par en par ;
juran que esa paloma
no es otra cosa más que su alma,
que todavía espera
a que regrese la desdichada.
Cucurrucucú paloma,
cucurrucucú no llores[2].

– Cette palombe triste n'est rien d'autre que l'âme du disparu, n'est-ce pas ?

CHAPITRE 20

Le spectre de la guitare

> « L'abîme, c'est le Temps, avec ses tristesses, ses lassitudes. Les oiseaux, c'est le contraire du Temps ; c'est notre désir de lumière, d'étoiles, d'arcs-en-ciel et de jubilantes vocalises ! »
>
> Olivier MESSIAEN.

Le spectre une fois séché et repassé retrouve ses places consacrées : la poche pectorale d'Armand et son esprit inquiet. Par ailleurs, les pages de Messiaen sur les bruits de la nature, les chants des oiseaux, alimentent de fructueuses discussions sur la musique, inaugurées lors de la soirée de confidences. Bienvenues sont toutes les formes de musique, comme la musique des formes et les auditions colorées dont Armand pense avoir fait l'expérience grâce à cette liqueur au goût d'anis.

Un soir Michelle sort sa guitare et Armand, d'humeur spectrale, est frappé par la disposition des raies perpendiculaires au manche de l'instrument. Il n'avait jamais fait attention à leur structure et, là, il comprend mais n'ose rien en dire.

– As-tu conservé des compositions de ton père ?

– Tout a disparu. Mais elles ont bercé mon enfance. Je le revois devant ses partitions ou celles d'autres compositeurs. Son visage changeait souvent d'expression, comme s'il était en train de lire un roman passionnant, ou de la poésie. J'avais du mal à le croire quand il me disait entendre la musique de n'importe quelle partition, simplement en la voyant, alors que pour moi ce n'était que des symboles, des portées, des clés que je peinais à déchiffrer.

– Je suis, moi aussi, incapable d'entendre un accord en le voyant, mais pour une ligne musicale formée d'une seule voix, j'y parviens.

– Ton spectre, par exemple, me laisse indifférente, et devant une page d'équations ma frustration est encore pire que devant une partition ; je n'y vois qu'un gribouillis. Comment arrive-t-on à y déceler autre chose ?

– C'est comme en musique, on ne progresse que par la pratique, on ne va pas bien loin sans elle. Pour comprendre les maths, il faut en faire. Chercher la solution d'un problème permet graduellement de créer des images mentales, et, quand on dispose d'un capital suffisant, la pensée se met toute seule en mouvement devant une page d'équations.

– De mon point de vue, les mathématiciens ont un comportement logique, trop logique, presque autistique… Pour moi les maths c'est sans espoir, mais pas la musique. Par exemple, je retrouve facilement certains airs que je joue sur ma guitare. Mon piano est resté à Santiago, qu'est-il devenu ?

Michelle se tait. Armand a senti dans sa voix la tentation de la mélancolie. Bien sûr, le temps, l'abîme… Il hésite à se lancer dans des explications mathématiques. Peut-être pas le meilleur moyen de sortir son amie de sa tristesse. Pourtant, il vient de comprendre le spectre de la guitare, cette fidèle compagne de Micaela, qui vibre avec elle et qui s'est présentée ce soir en tendre invitée. Il la saisit et joue un *do*, celui qui correspond à la dernière raie du spectre, la plus proche du bout de la guitare, sur la deuxième corde. Cette note vibre, seule dans l'espace sonore.

– Écoute ! Un son pur est caractérisé par sa fréquence, c'est-à-dire par le nombre de ses vibrations par seconde. Notre oreille perçoit la fréquence sous forme de hauteur du son. Plus la fréquence est grande plus le son est aigu.

– Produire un son plus aigu, je sais faire, en pinçant la corde plus bas.

– L'oreille est sensible aux rapports de fréquences. Multiplier la fréquence par deux signifie passer à l'octave, autrement dit jouer la même note, mais une octave plus haut, dit-il en pinçant la même corde douze raies plus bas, c'est-à-dire à l'octave. Notre oreille perçoit l'harmonie entre ces deux notes. Pour obtenir une fréquence plus grande je dois raccourcir la longueur de la corde.

Guitare et position des frettes sur le manche.

C'est pourquoi le spectre de la guitare est constitué de longueurs, qui correspondent aux inverses des fréquences sonores.

– À chacune des raies de la guitare correspond un son pur, une note… Je comprends pourquoi ce sont les rapports des longueurs qui comptent ! Ce sont les inverses des rapports des fréquences.

– L'oreille est également sensible à la multiplication de la fréquence par 3. En effet, quand on passe d'une tonalité, par exemple *do* majeur, à la suivante, *sol* majeur, on multiplie les fréquences par 3/2, dit-il en jouant les notes associées à la première puis à la huitième raie du spectre, toujours en partant du bout de la guitare. Il en est de même chaque fois que l'on passe à la tonalité suivante, donc *ré* majeur après *sol* majeur, et ainsi de suite. On peut alors jouer avec l'arithmétique, tout en sachant que l'oreille sera capable de percevoir ces opérations de multiplication par 2 ou par 3/2.

– Est-ce que le fait que notre écriture musicale comprenne douze tonalités majeures et douze tonalités mineures ne serait pas lié à ces nombres 2 et 3 ? D'où sort ce nombre 12 ? dit Michelle d'une humeur rafraîchie par la curiosité.

– Tu es prête ? On cherche à fermer la boucle en trouvant une suite de transpositions, que l'on exprime sous la forme de puissances de 3/2, qui atterrisse sur un passage à l'octave, autrement dit une puissance de 2. Or les puissances de 2 sont des nombres pairs (2, 4, 8, 16...), alors que les puissances de 3 sont impaires (3, 9, 27, 81...). Il est donc impossible de fermer la boucle exactement et de revenir au point de départ. Mais, là, intervient une coïncidence numérique : il se trouve que 3/2 à la puissance 12, qui fait 129,7, est très proche de 128, soit 2 à la puissance 7. Le rapport des deux est d'environ 1,01, ce qui fait 1, à 1 % près. C'est cette proximité mathématique qui explique pourquoi, dans la musique occidentale, on a déterminé 12 tonalités : on referme artificiellement la boucle en faisant comme si $(3/2)^{12}$ était égal à 2^7.

– On triche !

– Oui et, entre parenthèses, le violon, lui, contrairement à la guitare, ne triche pas ! La coïncidence numérique dont je viens de parler signifie que la racine 12e de 2 est pratiquement égale à la racine 19e de 3. Ce nombre magique vaut environ 1,0595. Le spectre de la guitare est obtenu en considérant son carré, son cube et ses puissances successives… Tout l'intérêt de cette gamme, sous forme de puissances successives, est qu'une translation, comme le remplacement de chaque note par la suivante, ne modifie pas les rapports de fréquences, car elle multiplie toutes les fréquences par le même nombre. Géométriquement, ce que l'on voit sur le spectre de la guitare, ce sont des longueurs, qui sont les inverses des fréquences et qui forment aussi les puissances de ce fameux nombre.

– Tu as réussi à faire parler le spectre de la guitare ! Pas mal pour un matheux. Mais pourquoi dis-tu que le violon ne triche pas ?

– Parce qu'il n'y a aucune marque sur le manche du violon. C'est un spectre continu, quc d'ailleurs les grands violonistes savent exploiter dans le *glissando*, le glissement continu d'une note à une autre. On peut, avec un violon, faire très facilement des fausses notes, car en réalité la note juste demande une précision infinie. En revanche, diviser la longueur de corde exactement par deux ou par trois y est possible, alors que l'un ou l'autre sont impossibles sur la guitare : on est limité par la position fixe des frettes. Ce qui compte, c'est que la gamme respecte les rapports de fréquences.

CHAPITRE 21

Suites spectrales

Certains soirs, aux clameurs du vent et des oiseaux, au vacarme des lames se fracassant contre les rochers se mêle un mystérieux chant. Du vieux tourne-disque de Michelle proviennent les notes inspirées du *Quatuor pour la fin du Temps* de Messiaen. La présence d'Armand redonne à Michelle le courage de se replonger dans le *Traité de rythme, de couleur et d'ornithologie*. Ils y découvrent la profonde originalité du compositeur. L'élimination des temps égaux et l'avènement des valeurs irrationnelles fascinent Armand. Messiaen y montre à quel point l'unisson de durée brouille la piste rythmique et empêche l'auditeur d'acquérir le « sentiment polyrythmique ». La correspondance naturelle entre formes et spectres de fréquences qui sous-tend la « musique des formes » familière à Armand fait place à une nouvelle correspondance, où les rythmes qui s'inscrivent dans le temps remplacent les spectres de fréquences. Messiaen a détruit l'unité d'attaque dans son *Modes de valeurs et d'intensités* et, ce faisant, donné toute la place à des rythmes où les points d'attaques ont des valeurs irrationnelles.

Cette libération des attaques dans les rythmes suggère une piste à Armand : chercher à comprendre le spectre d'Atacama non comme un spectre de fréquences, mais comme étalé dans le temps. Il propose à Michelle de jouer la même note sur sa guitare en guidant les attaques par la liste de nombres donnée dans le deuxième message de Rodrigo. Il a en effet vérifié, après avoir récupéré le spectre, que comme il l'espérait ces nombres représentent bien les longueurs d'onde des raies dans le spectre d'Atacama.

Michelle prend goût à ces expériences scientifiques guitaresques. Elle n'aurait jamais pensé que l'on puisse autant s'amuser avec un spectre qui joue à cache-cache.

L'expérience est concluante et montre que le rythme s'accélère. Ainsi, le spectre paraît de plus en plus dense dans l'infrarouge… Armand en vient à émettre l'hypothèse selon laquelle le spectre n'a qu'un nombre fini de raies dans l'ultraviolet mais se prolonge indéfiniment dans l'infrarouge avec une densité qui croît comme le logarithme. Il a l'impression d'avancer enfin. Grâce à Messiaen, sa perception purement visuelle du spectre d'Atacama s'est enrichie d'une contrepartie rythmique qui reste gravée dans sa mémoire par la progression du tempo, de *moderato* à *vivace*.

Le quatuor a été écrit par Messiaen prisonnier, en 1940, et Armand ne résiste pas à la tentation. Il raconte à Michelle que c'est également en détention et durant cette même période que le mathématicien français Jean

Leray a découvert les « suites spectrales », un outil cohomologique incroyablement fécond et au nom si évocateur. Ce pourrait être le titre d'une composition musicale. La synchronicité veille.

Michelle dévoile le commentaire de Messiaen sur le deuxième mouvement de son quatuor, inspiré par l'annonce de l'Ange dans l'Apocalypse de saint Jean :

– « Les première et troisième parties (très courtes) évoquent la puissance de cet Ange fort, coiffé d'arc-en-ciel et revêtu de nuée, qui pose un pied sur la mer et un pied sur la terre. Le "milieu", ce sont les harmonies impalpables du ciel. Au piano, cascades douces d'accords bleu-orange, entourant de leur carillon lointain la mélopée quasi plain-chantesque des violon et violoncelle. »

– Étrange mélopée de l'Ange, comment Messiaen a-t-il réussi à créer cette voix dérangeante qui semble remonter de l'éternité pour s'insinuer au plus profond de notre âme.

Depuis les révélations de Michelle sur son passé, il n'a guère été question, durant les veillées, du désert d'Atacama qu'elle avait quitté avec désespoir. Pour les deux amis, il reste à l'arrière-plan de leurs discussions comme un décor dangereux, morbide, qu'il vaut mieux ne pas animer. Pourtant un soir de « mer de glace et d'espoir déçu », Michelle demande :

– As-tu entendu parler, en France, de Raúl Zurita, un poète chilien mathématicien ?

– Zurita, ce nom ne me dit rien.

– C'est surprenant, car il a mis le paquet pour attirer l'attention sur lui ou plutôt sur ses textes. En 1982, il a fait répandre dans le ciel de New York, par un petit avion, des extraits de son œuvre : *La Vida nueva*, inspirée de Dante, que sa grand-mère italienne lui avait fait découvrir petit. Son texte *Le Purgatoire* s'adresse au Chili d'aujourd'hui.

– Tu m'en liras des passages ?

– Volontiers. J'en connais plusieurs par cœur comme ce passage sur les pampas chimériques :

No suenen las aridas llanuras
Nadie ha podido ver nunca
Esas pampas quiméricas

Prélude d'une dissertation sur les paysages « convergents et divergents » du désert d'Atacama, qui se termine par une évocation du désert de nos propres chimères dans ces plaines d'enfer :

Y cuando vengan a desplegarse los paisajes
convergentes y divergentes del Desierto de Atacama
Chile entero habrá sido el más allá de la vida porque
a cambio de Atacama ya se están extendiendo como
un sueño los desiertos de nuestra propia quimera
allá en estos llanos del demonio

– Tu excites ma curiosité, convergent, divergent… *demonio*, on dirait le diable en train de faire des maths !

– Mais j'y pense ! il a organisé une cérémonie poétique autour de son texte : *Ni pena ni miedo*, en 1993 à la lisière du désert d'Atacama, à 60 kilomètres d'Antofagasta. Une personnalité très forte, Zurita. Un militant dans l'âme. Juste après le coup d'État, alors qu'il était étudiant à l'école d'ingénieurs de l'Université Santa Maria à Valparaiso, il a été emprisonné quelques jours dans un bateau de la marine chilienne, ce qui a marqué son devenir personnel comme étant le point de départ de son engagement. Pour protester contre le régime, il a voulu se brûler les yeux en s'instillant de l'ammoniac.

– C'est affreux ! C'est fou !

– Heureusement, il n'a pas réussi.

– Et en maths qu'est-ce qu'il a fait ? ne peut s'empêcher de demander Armand, toujours prêt à juger.

– Il a une formation de base en maths et a fini des études d'ingénieur, puis il s'est complètement engagé dans la poésie avec ses poèmes d'*Anteparaiso* très proches du formalisme mathématique.

Ces soirées particulières rendent Armand de plus en plus contemplatif. Éclairé par la musique, il passe imperceptiblement du monde des calculs et des théorèmes à celui du questionnement personnel déjà amorcé dans le désert. Continuer son travail de scientifique en épuisant les réserves de papier de son hôtesse n'exclut pas de consacrer du temps à la recherche de soi-même. Pourquoi a-t-il besoin des mathématiques pour vivre et pourquoi l'empêchent-elles de dormir ? Il finit par comprendre que sa peur, sa peur de se tromper, qui lui gâche la vie, est sans doute un résidu de son éducation. Depuis son enfance, il a navigué entre le plaisir de faire des mathématiques et la crainte. Crainte d'être puni pour avoir mal fait, le pire étant de se tromper, ce qu'il avait expérimenté avec les accents ! Cette peur décèle-t-elle un manque de générosité envers lui-même, à la limite du masochisme ? Elle traduit sans doute une absence de sérénité devant la réalité. Le calme dans lequel il vit, en cette période de quasi-isolement, retiré du monde dont l'agitation ne se manifeste que par les remous de l'océan, le libère de la tension habituelle. Rien de mieux qu'un phare ancré sur d'énormes rochers pour se sentir solide, pas tout à fait incassable, il en a la preuve, pour laisser venir à lui les questions essentielles, les messages secourables des hommes qui ont vraiment pensé. Au coin de sa mémoire patiente ce beau texte de Grothendieck, dans *Récoltes et semailles*[3], qu'il s'empresse de dire à Michelle, un soir de fin du temps :

> Craindre l'erreur et craindre la vérité sont une seule et même chose. Celui qui craint de se tromper est impuissant à découvrir. C'est quand nous craignons de nous tromper que l'erreur qui est en nous se fait immuable comme un roc. Car, dans notre peur, nous nous accrochons à ce que nous avons décrété « vrai » un jour, ou à ce qui depuis toujours nous a été présenté comme tel. Quand nous sommes mus non par la peur de voir s'évanouir une illusoire sécurité, mais par une soif de connaître, alors l'erreur, comme la souffrance ou la tristesse,

nous traverse sans se figer à jamais, et la trace de son passage est une connaissance renouvelée.

– De qui est-ce ?

L'image vaporeuse du moine bienveillant effleure l'esprit d'Armand.

– Un mathématicien qui a passé la dernière partie de sa vie, complètement isolé, à réaliser ce que son père n'avait pas eu le temps de faire : écrire. On a trouvé chez lui, après sa mort, un véritable trésor, près de soixante-quinze mille pages manuscrites, parfaitement classées, dont le sujet principal est le problème du mal.

Michelle reste silencieuse et pensive un long moment. Armand devine que, sans le vouloir consciemment, il vient d'éclairer d'une lumière nouvelle la solitude de son amie…

Puis elle se met à fredonner le grand succès d'un groupe à la mode avant son exil volontaire. Armand se surprend à chanter avec elle.

– J'aime cet air !

– *El Solitario*. Qu'est-ce que j'ai pu le chanter en arrivant ici !

CHAPITRE 22

Nouvelles du monde

En février, sur l'île des États, c'est l'été austral : un vent bourru, pas du tout caressant. Il est vrai que la neige a fondu autour du phare, que l'herbe verte pousse, abondante, agrémentée de rares fleurs blanches, frêles. Boitillant encore un peu, Armand tourne en rond. Il pense souvent à Charlotte. Il a rêvé d'elle la nuit précédente. Elle le trompait avec un ordinateur quantique ! Mais, toujours en proie à son obsession intellectuelle, il repense au spectre de la guitare et se demande à quel espace géométrique il pourrait bien correspondre. Un espace dont il pourrait être la gamme musicale ?

Il cherche une forme géométrique dont les fréquences vibratoires constitueraient une suite, celle des puissances du nombre magique qui engendre le spectre de la guitare. D'ailleurs, il envisage maintenant ce dernier, non plus comme des longueurs, mais comme des fréquences. Il réalise assez vite qu'une telle forme doit être bizarre : en effet, le nombre de fréquences de la gamme qui sont inférieures à une fréquence donnée est de l'ordre du logarithme de celle-ci. Le logarithme d'un nombre

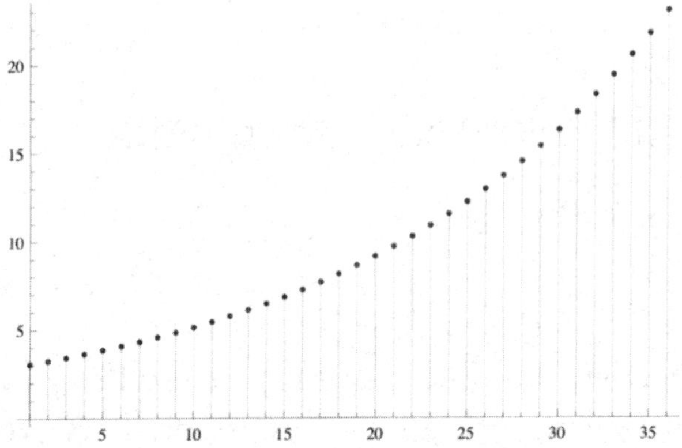

Fréquences de vibrations de la guitare.

s'obtient en gros en comptant les chiffres dans l'écriture du nombre. Pour être précis, il faudrait indiquer dans quelle base, mais de toute façon cela n'intervient pas dans l'ordre de grandeur. Or, pour la gamme qui correspond à une forme géométrique usuelle, par exemple un disque ou bien un rectangle, qui sont en deux dimensions, le nombre de fréquences inférieures à une fréquence donnée croît comme le carré de celle-ci. D'une manière générale, pour une dimension arbitraire, il croît comme une puissance de la fréquence. Par exemple, pour une forme à trois dimensions, il croit comme le cube de la fréquence. Mais il n'existe aucune dimension pour laquelle la croissance soit la même que celle du spectre de la guitare.

Armand cherche à éliminer cette difficulté en introduisant des répétitions de notes provenant d'une symétrie, un peu comme la symétrie par rotation de la sphère. Mais il s'aperçoit vite que cela reste incompatible avec une forme géométrique usuelle. Si une telle forme existe, dont la gamme correspond au spectre de la guitare, elle doit être de dimension plus petite que tout nombre strictement positif, sans pour autant être nulle ! Or l'arsenal géométrique usuel ne contient pas de telles formes. Cependant, des amis physiciens ont défini et étudié la « sphère quantique », associée à un nombre plus grand que 1 mais arbitraire. En choisissant ce nombre égal au nombre magique, le tour est joué ! Il s'agit d'un des espaces non commutatifs qu'Armand connaît bien pour les avoir étudiés sous toutes les coutures. L'une de leurs propriétés merveilleuses est de rester aussi symétriques que la sphère à deux dimensions. Il reste subjugué par cet exemple : il suffisait de déformer la sphère ordinaire pour que sa musique, sa gamme, devienne celle avec laquelle nous sommes si familiers.

À ce stade de la « rencontre », Armand sait bien que l'intuition est en avance sur la rationalité et qu'il faut donner du temps à son cerveau pour rattraper ce retard. Il a besoin de se calmer pour ne pas entrer dans un état d'excitation incontrôlable, et il lui faut, au moins provisoirement, songer à autre chose. Il dévore rapidement les quelques livres de Michelle. Cette écrivaine n'a qu'une bibliothèque étrangement réduite. Puis, cherchant fiévreusement une lecture, quelle qu'elle soit, il redécouvre, dans ses affaires, le journal *Le Monde* acheté sur le quai de Totoral, dont il n'avait regardé que la première page.

Il tombe d'abord sur un article qui l'intéresse au plus haut point. On y décrit la découverte probable des vestiges d'une ville datant du XIe siècle, aux environs de Phnom Kulen, au Cambodge. C'est un endroit inoubliable, où dans sa jeunesse aventureuse il a connu la peur de sa vie. Avec deux amis, aussi écervelés que lui, ils avaient été forcés de passer la nuit à la belle étoile au milieu de la jungle et de ses bruissements hostiles sur la piste entre Siem Reap et Phnom Kulen. L'article explique que l'on a sans doute enfin découvert la capitale, Mahendraparvata, du Grand Indra, maître de la foudre et des orages, dieu du panthéon hindou vénéré par les anciens Khmers. Il contient aussi un résumé de la vie de l'explorateur français Henri Mouhot, le découvreur de Siem Reap au XIXe siècle. La synchronicité veille :

> Après la lecture d'ouvrages sur les expéditions, notamment *The Kingdom and People of Siam* de Sir John Bowring (1857), il décide de partir à la découverte du Siam, du Cambodge et du Laos. De Londres, il embarque sur un navire de commerce à voiles, pour Bangkok, le 27 avril 1858, avec son chien Tine-Tine.

Décidément, pense Armand, je suis poursuivi ! Par le spectre d'Hergé ! À 10 000 mètres d'altitude, *Le Sceptre d'Ottokar* déclenche ce rêve de licorne à antenne. À Valparaiso, la photo de Milou et, dans la foulée, le capitaine Haddock qui m'embarque sur l'*Unicorn* avec la marée...

Il feuillette alors machinalement le journal et, arrivé à l'avant-dernière page, « Nouvelles du monde », il lit dans la première colonne :

> Adrienne Préval est nommée danseuse étoile à l'âge de 24 ans par le directeur de la danse de l'Opéra de Paris, à l'issue de la représentation de *La Belle au bois dormant*, où elle a tant brillé avec son partenaire, Antoine Ressac, dans le rôle de Florimond. Tous les amateurs de ballets classiques se réjouissent.

Puis un peu plus loin, il tombe sur ce titre :

> L'héroïque Charlotte Dempierre incarcérée.

Proche de l'éblouissement, hypnotisé, il lit avidement, en tremblant, le court article qui lui est consacré :

> On se souvient de l'incroyable histoire de la physicienne française Charlotte Dempierre. Retrouvée morte dans les profondeurs du CERN à la suite d'une expérience qu'elle avait tentée sur elle-même, elle a été ressuscitée par un ordinateur. Acclamée par tous, et en particulier par la communauté scientifique, elle a été traînée en justice par des collègues sans doute envieux. Nous venons d'apprendre la suite invraisemblable de cette affaire : Charlotte Dempierre et sa collègue Francesca Rocca ont été condamnées et

incarcérées. Nous tiendrons bien évidemment nos lecteurs informés de la suite de cet épisode judiciaire.

Horrifié, stupéfait, Armand s'effondre sur son lit. Son âme est navrée de trop rude chagrin, ses yeux se remplissent de larmes, son cœur déborde de sanglots.

CHAPITRE 23

Le retour de *la Licorne*

« Dieux jaloux, vous me refusez le droit de prendre dans mon lit, au grand jour, l'homme que mon cœur a choisi. Alors que c'est moi qui l'ai sauvé. Quand la houle et les vents sur ces bords le jetèrent, c'est moi qui l'accueillis, le nourris, l'abreuvai. Mais lorsque le destin, cruel, l'a décidé, quels moyens d'aller contre ou de se dérober ? »

HOMÈRE, *Odyssée*, chant V,
traduction adaptée de celle de Victor Bérard,
Gallimard, « Bibliothèque de la Pléiade », 1955.

Michelle, surprise de ne pas le voir pour le dîner, découvre Armand un peu plus tard, pâle, abattu, défait. Sur son insistance, il lui explique partiellement la situation, lui montre l'article de journal.

– Et je ne peux même pas savoir la suite puisque nous sommes coupés du monde. Comment l'aider, que faire ? Ce maudit isolement me tue ! Je l'ai trahie, je l'ai deux fois trahie.

– Qui est cette Charlotte ?

Elle le regarde…

– N'en dis pas plus, surtout n'ouvre pas la bouche !

Cela devait arriver, pense-t-elle ! Pour l'instant, il est bien obligé de rester ici !

Quelques jours plus tard, en cette île océane, l'atmosphère de variable est passée à clémente. Comme elle l'a un peu expliqué à son hôte au cours de leurs soirées d'hiver, Michelle a subi d'autres déceptions, la vie ne l'a pas ménagée. Maintenant elle pratique une sagesse toute simple : mieux vaut un marin de passage que pas de marin du tout ! Le destin lui a offert un beau cadeau, le destin va le lui reprendre, elle le sait. En bonne insulaire, elle connaît ses ruses et ses reflux.

Un matin comme un autre, une sirène mugit, venant de la mer. Armand et Michelle se précipitent sur le terre-plein.

C'est *la Licorne* ! *La Licorne*, qui s'engage dans la petite baie et vient s'amarrer au pied du phare. Le capitaine, tout guilleret, descend la passerelle. Il semble avoir oublié ses griefs.

– Comment vas-tu, moussaillon ? dit-il en assenant à Armand une grande claque dans le dos.

Il salue Michelle avec obséquiosité. Ironiquement, elle esquisse une révérence.

– Comme tu le sais, je fais la navette entre l'Amérique et l'Europe. En ce moment, cap sur Anvers ! Je t'ai quitté ici un peu cavalièrement, il y a quelques mois, et je voulais m'assurer que tu avais survécu.

– J'ai survécu grâce à madame. Mais votre arrivée est providentielle. Pour des raisons qu'il serait long de détailler, je dois rejoindre l'Europe en urgence. Accepteriez-vous de me reprendre à bord. Toutefois…

Il fait quelques pas en exagérant largement sa boiterie.

– … toutefois, je suis, pour un certain temps, infirme. Je voudrais être considéré comme un vrai passager dispensé des corvées.

– *La Licorne*, avec tout son confort, t'accueillera volontiers, mouss…, pardon, monsieur Lafforet, si je me souviens bien. Mais la croisière n'est pas gratuite. Tu le sais.

Armand est prêt à payer le prix, le prix quel qu'il soit pour retrouver Charlotte. Le capitaine en profite et un accord est conclu sur-le-champ. *La Licorne* doit repartir dès le lendemain.

Au moment des adieux, sur le grand escalier qui mène en haut du phare, Michelle retient ses larmes.

– Tu vas donc, dit-elle, s'adressant à Armand, regagner le monde civilisé.

– J'ai été profondément heureux de connaître la personne la plus civilisée de l'hémisphère Sud. J'ai tant appris auprès de toi et pas seulement des chansons. Puisque tu aimes écrire peut-être vas-tu raconter notre belle histoire…

– Pourquoi pas ? J'ai déjà le titre : *On ne badine pas avec les spectres.*

Elle se garde bien de dire à son ami qu'elle aussi tenait un journal intime et qu'elle y avait couché des impressions précises, quelques détails frappants ou poétiques caractérisant l'homme au spectre. Armand ne s'en tirerait pas par une pirouette.

CHAPITRE 24

Une île au passé chargé

Le lendemain, au milieu de la matinée, *la Licorne* est déjà en plein Atlantique. Le navire dispose d'une radio, et Armand pourrait reprendre contact avec ses collègues, avec Charlotte, mais… il n'arrive pas à se décider. Son inconscient est à l'œuvre. Sa vie amoureuse, ces derniers mois, a été décidément chaotique. Il se contente de méditer.

Le capitaine n'a pas besoin, cette fois-ci, de relâcher aux Falklands. *La Licorne* passe à l'est de ces îles et prend la direction nord-nord-est. Poussée par un vent de sud-ouest, elle avance vite. Dès qu'elle atteint le degré 37 de latitude Sud, celui du capitaine Grant, la température est devenue supportable. Le bateau franchit ensuite le parallèle de Buenos Aires, puis le tropique du Capricorne. À ce moment-là, le vent est complètement tombé et *la Licorne*, poussive, marche au moteur. On étouffe.

Armand passe une partie des nuits sur le pont, admirant la Voie lactée qui brille avec éclat.

– Si Felipe était ici, pense-t-il, il me poserait mille questions. Un jour, je m'en souviens, il avait abordé le problème du Big-Bang, et je m'étais un peu dérobé à ses interrogations. J'aurais dû mieux répondre, et expliquer les trois phénomènes qui appuient l'intuition du chanoine Georges Lemaître : la fuite des galaxies, le rayonnement quasi uniforme du fond du ciel à 3 degrés kelvin, et la physique des particules. Ces trois phénomènes sont comme trois messages envoyés… par qui ? Peut-être par « personne ».

Trois messages… Armand est brusquement frappé par l'analogie avec les trois messages du capitaine Grant. Trois messages incomplets qui, même superposés, ne livrent qu'une partie du secret.

Le 1er mars au matin, Archibald observe à la jumelle, avec inquiétude, un petit nuage noir qui monte à l'horizon nord-ouest. Son inquiétude se révèle justifiée : dès 11 heures, le ciel se couvre entièrement. C'est toujours calme plat, mais, au milieu de l'après-midi, la bourrasque arrive, d'un seul coup, tout de suite violente.

La mer devient vite dangereuse. *La Licorne* fuit sous le vent, très rapidement, en direction de l'est. La nuit est terrible. « Une queue de cyclone », a dit le capitaine.

Cette queue de cyclone joue avec *la Licorne* comme une queue de baleine jouerait avec une coquille de noix. Armand, terrifié, se jure que, s'il s'en tire, il ne remontera jamais plus sur le pont d'un bateau. À la rigueur, peut-être, sur un transatlantique ayant au moins cinq mille passagers. Mais cette restriction mentale ne le fait pas rire. Au contraire, car il vomit tout ce que contient son estomac, et, même, lui semble-t-il, plus encore.

Le lendemain, le cyclone s'est éloigné. *La Licorne* a considérablement dérivé vers l'est. Une île émerge de la brume.

– Sainte-Hélène, dit l'un des matelots.

La mer est encore très houleuse et le capitaine se réfugie à Sandy Bay sur la côte est de l'île. Les montagnes, élevées, le protègent du vent qui souffle toujours violemment de l'ouest.

Armand, blême, annonce au capitaine :

– Je veux débarquer, je suis épuisé !

– Pour quel motif, je croyais que vous étiez guéri ! Débarquez si vous voulez, mais je repars vers le nord dès le début de l'après-midi.

Un canot conduit Armand à quai. Un insulaire l'emmène en voiture à Jamestown, la capitale, située sur la côte ouest. Il prend une chambre dans un hôtel assez confortable et y reste, dormant ou somnolant, sans manger, pendant deux jours.

Une fois rétabli, affamé, il se fait servir un substantiel petit déjeuner, et prend, auprès du patron de l'hôtel, cordial et bavard, ses premières informations. Immédiatement, c'est une très mauvaise nouvelle : l'île comporte un aéroport mais le trafic est tellement réduit que le prochain vol n'est prévu que dans un mois. Quant aux liaisons maritimes, elles ne sont assurées que par un navire, le *Santa Elena*, qui fait régulièrement la navette avec Cardiff (l'île appartient à la Grande-Bretagne). Son prochain passage est prévu dans quinze jours. Le navire n'atteint pas, de très loin, les dimensions d'un transatlantique. Armand va devoir, pendant plusieurs jours, trouver une occupation. L'île, vaguement circulaire, ne fait guère plus de 12 kilomètres de diamètre.

Le patron de l'hôtel a compris, en gros, à qui il avait affaire.

– Savez-vous, lui dit-il, qu'un autre scientifique vous a précédé sur cette île, il y a quatre siècles ou presque ? Oui, l'astronome Halley.

– Celui de la comète ?

– Lui-même. Il est resté ici un an ou deux. Pendant son séjour, il a écrit un des premiers traités de météorologie.

– Eh bien, moi, je me demande à quoi je vais m'occuper.

– Ah ! La grande question à laquelle Napoléon a dû faire face… Non, je n'ai pas d'informations spéciales sur Napoléon, auquel d'ailleurs les Héléniens ne s'intéressent guère.

Armand regagne sa chambre.

C'est vrai, songe-t-il, que pouvait faire l'ex-empereur de ses journées ? Cet homme qui, pendant vingt-cinq ans de sa vie adulte, a été jour et nuit tourné vers l'avenir, planifiant batailles, conquêtes, ruses, séductions, chantages, organisant des États, des codes, des instituts… et qui, brusquement ne peut plus se tourner que vers le passé, un passé qu'il va rabâcher interminablement avec ses compagnons français de captivité. Quelle inversion de la flèche du temps ! Napoléon n'est-il pas simplement mort d'ennui ?

Le Temps ! Après tout, voilà un de mes sujets de prédilection, un de mes mystères favoris. Faute de mieux, et pour m'occuper, je vais tenter de savoir comment s'occupait Napoléon.

Armand se rend dans la petite bibliothèque publique de l'île et, pour commencer, emprunte le *Mémorial de Sainte-Hélène*. Il le lit ou plutôt le feuillette : ce n'est pas toujours passionnant. Le récit entre dans mille détails, cherchant à retarder le désastre final.

Il tombe toutefois sur un passage qui le fascine. Il s'agit des premiers jours de la désastreuse guerre de 1812, quand Napoléon vient juste d'envahir la Russie.

> Nul doute que si j'avais été convaincu de la bonne foi d'Alexandre, je n'eusse accédé à sa demande. Je serais revenu au Niemen, il n'eût pas passé la Durna ; Wilna eût été neutralisé ; nous nous y serions rendus, chacun avec deux ou trois bataillons de notre garde, nous eussions traité en personne. Que de combinaisons j'eusse introduites !... Il n'eût eu qu'à choisir ! Nous nous serions séparés bons amis.

Ne dirait-on pas, songe Armand, qu'il croit presque à l'existence de ce scénario alternatif ?

Armand décide, pour tester sa guérison complète, d'escalader l'une des montagnes qui dominent Jamestown. Les ascensions ont toujours favorisé son activité intellectuelle, parfois de façon spectaculaire. Ici à Sainte-Hélène, il n'a pas moins des 800 mètres à gravir de ce « catafalque de rochers » dont parle Chateaubriand. Arrivé au sommet, il découvre une citadelle. Une citadelle qui a peut-être été redoutable dans le passé, et qui n'est plus qu'une citadelle pour rire : canons rouillés, créneaux déchaussés... La vue vers l'Occident, vers l'Atlantique calmé, s'étend à l'infini. Napoléon est-il venu ici ? A-t-il repensé à certaines escalades, par exemple, celle du col du Grand-Saint-Bernard ? La mémoire... Le mystère de la mémoire... Armand a lu des comptes rendus d'expériences sur la mémoire quantique. Une des clés, à découvrir, de l'ordinateur quantique, puisqu'il faudrait que des photons, ou d'autres particules, conservent la mémoire de leur intrication pendant un temps non négligeable. Des expériences dans lesquelles un photon est stoppé par un groupe d'atomes ultrafroids. Un photon stoppé... L'hamiltonien du système doit avoir un spectre extraordinaire. Armand redescend de la citadelle sans avoir eu d'illumination, mais avec l'idée d'un problème à creuser.

Le lendemain, sur le conseil du bibliothécaire, il va visiter Longwood, la résidence de Napoléon pendant presque toute sa captivité. La maison, biscornue mais émouvante, s'agrémente de beaux jardins. Ces jardins, paraît-il, n'existaient pas quand Napoléon est arrivé, c'est lui qui, un an avant sa mort, en a dressé les plans : une manière de s'occuper, sans doute ! Mais la recette ne devait pas être très efficace puisque, d'après le *Mémorial*, il passait par de longues périodes d'inactivité, dans son lit, dans sa baignoire. Il n'essayait même plus de remonter le passé, mais se laissait glisser dans un présent perpétuel, immuable, sans forme, dont il avait à peine conscience. Le temps traînait… Chaque morceau de bois, à Longwood et dans toute l'île, est constamment attaqué par les termites : cette constatation orientait automatiquement les méditations du prisonnier vers la mort. Le temps dévorant, bourdonnant, devait être un supplice. Il a fallu ce voyage interminable, ces péripéties de bandes dessinées et cette escale morbide pour qu'Armand sente à ce point dans son corps le pouvoir exorbitant du Temps. Comme un fait exprès, le choc psychique subi pendant la tempête se manifeste aussi, en différé. Il sent la dépression le gagner, ses signes avant-coureurs, écœurement, immense lassitude. S'il ne réagit pas rapidement, il va se laisser éclipser par l'ombre de l'« à quoi bon » et se coucher. Michelle possède la liqueur contre la douleur physique. Chez elle, il n'a pas eu besoin d'un autre antidote. La musique, la conversation, la poésie – ce qu'il appelait avant avec condescendance les arts d'agrément – ont merveilleusement fait l'affaire. Ce maudit arrêt à Sainte-Hélène dans l'espoir déçu d'y trouver l'avion du retour vers Charlotte l'a complètement anéanti. Déboussolé par le spectre de Napoléon, il n'a même pas été assez persuasif pour obtenir d'un pharmacien sur ses gardes, une petite boîte du produit qui fait voir la vie en rose.

Pourtant, au fond de sa poche fatiguée, patiente la douce drogue, un peu usée elle aussi, couverte de faux plis mais fidèle, bien qu'un peu farouche. Il la sent, fragile, il la tâte. D'un geste hésitant Armand ressort le spectre d'Atacama, son indéfectible compagnon d'errance.

L'épopée napoléonienne court de 1793 à 1815. Armand trace sur une feuille de papier un segment horizontal de 23 centimètres qui représentera le temps de cette épopée. Chaque point du segment correspond donc à une date précise, entre le 1er janvier 1793 et le 31 décembre 1815.

Reprise de Toulon le 19 décembre 1793. Armand trace à cette date, avec un crayon bien taillé, une fine barre verticale de 2 centimètres. La succession des victoires en Italie, 1796, se traduit par une succession serrée de raies verticales. Puis les Pyramides, Marengo. En 1802, une brève paix avec l'Europe, même avec l'Angleterre ! Le « spectre de Napoléon » comporte donc une lacune. Puis les raies réapparaissent. Austerlitz, Iéna, Eylau, Friedland, Wagram, Borodino, Leipzig, Bautzen, Montmirail, Waterloo, etc. Le spectre se complète. Avec espoir et appréhension, Armand le compare au spectre d'Atacama. Ce dernier lui renvoie un regard ironique, il le nargue, aucune ressemblance n'apparaît. Armand doit battre en retraite, il sent la nausée qui monte. Il se précipite dans la salle d'eau, mais ne réussit pas à vomir.

Je vais mourir, comme Napoléon, d'une maladie d'estomac, songe-t-il. Peut-être ne doit-il inscrire que les victoires ? Armand supprime Aboukir, Trafalgar, Leipzig, Waterloo. Il n'y a pas assez de raies. Faut-il compter vendémiaire ? Armand va consulter des livres d'histoire à la bibliothèque et note toutes les batailles secondaires, même celles qui n'ont été menées que par un des généraux de Napoléon. Il retourne dans sa chambre d'hôtel.

– Venir si loin pour en arriver là ! s'exclame-t-il en contemplant sa table de travail.

Il déchire le nouveau spectre, rageusement, en mille morceaux, et se jette sur son lit. Il y reste six heures à rêvasser. Comme Napoléon.

Et ainsi Armand, comme le temps napoléonien, se traîne d'heure en heure, oppressé par l'humidité permanente de l'air, l'atmosphère de cave, les odeurs douceâtres. Jusqu'au dernier jour, quand il voit à l'horizon la silhouette du *Santa Elena*.

Alors le ciel s'éclaircit. En fait, c'est son cerveau qui s'éclaircit, il a l'impression que des vapeurs s'en échappent.

Et il reprend goût à la vie.

CHAPITRE 25

À la recherche du fermion libre

Au cours des séances suivantes, Hugues de Chantavoine engage Charlotte à parler de ses lieux favoris, des endroits qui la font rêver : des sommets enneigés, des petites villes médiévales aux ruelles sinueuses – tiens, tiens –, des lacs, beaucoup de lacs, avec des lauriers-roses et des barques nonchalantes, rien de grave, mais jamais d'îles. « Donc pas de trésor », commente Chantavoine.

Attention ! Si trésor il y a, il faut le chercher dans les nombreuses notes prises au cours de la crise. Il les a bien en tête. Insomniaque, il y réfléchit souvent car il est passionné, presque perturbé, par le cas de cette patiente inopinée qui pourrait lui apporter gloire et richesse. Si seulement il parvenait à se faire une image mentale d'un espace de Hilbert, il avancerait, c'est sûr ! Quand l'insomnie se prolonge au-delà du raisonnable, il serait prêt à se compromettre un peu plus pour une métaphore éclairante.

Quatre mois passent. La routine s'accentue. Charlotte trouve le temps long, et Chantavoine n'a pas encore touché ses honoraires. Blocage. On ne sait pas qui doit, de la Suisse ou de la France, les verser au praticien.

Face à Charlotte, Chantavoine garde toujours, à portée de main, le volumineux dossier de celle-ci, enrichi de commentaires techniques et jargonnants, afin de ne pas courir le risque de se sentir désemparé si elle pose sur lui son regard pervenche.

Ce jour-là, une secrétaire affolée, jamais aperçue auparavant, fait irruption dans le cabinet :

– Je suis désolée mais il faudrait que vous preniez la communication, c'est urgent, semble-t-il, un appel des États-Unis !

– Vous êtes sûre ?

– Je ne vous aurais pas dérangé !

– Soit !

Chantavoine se confond en excuses et s'éclipse. On l'entend parler fort, de l'inquiétude dans la voix. Curieusement l'accent suisse s'immisce dans son anglais alors qu'en présence de sa patiente il se contrôle. Charlotte ne peut résister à la tentation de regarder son dossier top secret. Elle saisit son smartphone et photographie bon nombre de pages. La séance sera écourtée, Chantavoine ayant des dispositions à prendre d'urgence.

Charlotte se précipite dans le train où l'attend une lecture des plus stupéfiantes : elle a sous les yeux les détails de sa crise.

Elle comprend tout de suite que cette « intuition » est significative et s'inquiète de ce qu'est devenu Armand dans cette île balayée par les tempêtes, blessé, souffrant… Oubliées, les rancœurs et les accusations de fuite.

Il y a plus de trois mois qu'il l'a appelée au secours ! Elle était pourtant là, sans y être. Et Chantavoine qui s'est bien gardé de parler ! Quel faux jeton ! se dit-elle, quel traître, il voulait m'exploiter à fond, j'étais sûrement un cas unique, inespéré ! Adieu Chantavoine ! Mais c'est moi qui vais t'exploiter...

Dès le lendemain, elle retourne à Zurich et, malgré l'apparition de la secrétaire, pénètre dans le bureau du psy qui s'empresse de congédier un patient. Elle s'explique : elle a compris la manœuvre frauduleuse du praticien, elle a des preuves, elle se propose de les diffuser.

– À moins que vous n'acceptiez de rédiger immédiatement un rapport. Ce rapport devra convaincre le CERN que mon état mental, tout à fait satisfaisant, me permet de reprendre mes fonctions.

– C'est du chantage !

– Mon Dieu ! Je ne m'en étais pas avisée. À vous de choisir.

Chantavoine, très rouge pour une fois, s'exécute. Charlotte surveille la rédaction du message, s'empare de l'enveloppe et déclare :

– Je me charge de l'expédition, et même de l'affranchissement.

Puis elle quitte la pièce avec le sentiment d'être de nouveau maîtresse à bord et de retrouver Charlotte l'intrépide.

Ainsi débarrassée de ces simagrées d'investigations mentales, elle se tourne vers le problème Armand.

Qu'a pu devenir l'homme qu'elle aime ? Il faut agir. La première chose à faire, la seule possible pour l'instant, est de contacter Gaston Rousseau, le directeur de l'IHES. Cet homme a connu et apprécié le père de Charlotte. Il connaît Charlotte elle-même, qu'il a rencontrée deux ou trois fois après le décès du père de celle-ci. Il écoutera certainement ses questions avec sympathie.

Elle joint très facilement Gaston Rousseau, qui semble agréablement surpris. Elle commence l'exposé de la situation en parlant trop vite, en trébuchant sur les mots.

– Il m'avait prévenue par courriel, à la fin de mai, qu'il partait pour le Chili, plus précisément pour l'Atacama. Mais il ne m'avait donné aucun détail. En savez-vous davantage ?

Gaston Rousseau a réussi à suivre, tant bien que mal.

– Oui, ma chère collègue. Il m'avait informé par lettre de sa destination. Il comptait faire un séjour de quelques semaines à l'observatoire de San Pedro.

– J'ai des raisons de penser qu'il a été victime d'un accident. (Elle n'ose pas parler de sa transe). Vous avez sans doute compris que je… m'intéresse particulièrement à Armand Lafforet.

– Ma foi…

– Et donc, pourriez-vous me donner les coordonnées téléphoniques de cet observatoire ? Ou mieux, accepteriez-vous d'en joindre vous-même le directeur ? J'ai honte d'abuser ainsi de vos instants, mais je suis angoissée, terriblement angoissée. On ne vous refusera certainement pas quelques informations.

– Votre coup de téléphone m'inquiète. Il s'agit d'obtenir, de l'observatoire, des renseignements sur l'état de santé actuel d'Armand Lafforet, si j'ai bien compris ?

– Le plus vite possible, monsieur le directeur. Oh ! Excusez-moi.

– Je vous rappellerai rapidement, du moins je l'espère. Voyons ! Vous n'habitez plus Genève. Donnez-moi votre nouveau numéro de téléphone ou votre adresse de courriel.

– Je vous donne mon numéro en Engadine, mais je vais réintégrer le CERN dans les jours qui viennent.

– Je suis soulagé d'apprendre la fin, ou la presque fin, de vos ennuis judiciaires. Quelle affaire inconcevable !

Pour tromper son impatience, Charlotte, dans les minutes qui suivent, va raconter à Francesca le tournant imprévu et inquiétant de sa séance chez le psychothérapeute.

Vers 17 heures, Gaston Rousseau rappelle Charlotte. Aux hésitations de son correspondant, celle-ci comprend aussitôt que les nouvelles ne sont pas bonnes.

– Le directeur de l'observatoire m'a paru très ennuyé. Après bien des circonlocutions, il m'a avoué qu'Armand avait, un jour, au début du mois de juillet, disparu sans le moindre message.

– Disparu ! Mais… mais…

Charlotte reste sans voix.

– Je ne m'étais pas soucié de l'absence prolongée de Lafforet. Les membres de l'institut sont coutumiers de voyages fantaisistes. Mais maintenant, je suis, comme vous, inquiet. Qu'est-ce qui vous a fait penser à un accident ?

Charlotte, poussée dans ses retranchements, avoue. Le directeur hésite, puis déclare :

– En principe, je ne crois pas à ces messages. Toutefois, nous ne pouvons ignorer celui-là. Lafforet n'a pas donné de nouvelles depuis plusieurs mois. Il faut lancer un avis de recherche. Je crois qu'aucune initiative n'est à espérer du côté de l'observatoire. Il nous est impossible d'enquêter en territoire chilien. Il faudra passer par l'intermédiaire des Affaires étrangères. J'y connais un membre du cabinet du ministre, je vais tenter d'entrer en contact avec lui. Approuvez-vous cette démarche ?

Charlotte approuve bien entendu, entre deux soupirs. Elle a compris, en outre, qu'elle resterait dans l'incertitude pendant la procédure longue et complexe qui va se déclencher.

Effectivement, dans les jours qui suivent, Gaston Rousseau, malgré ses efforts et sa bonne volonté, ne peut lui donner des nouvelles que de loin en loin.

Le ministère des Affaires étrangères, mis en branle, contacte l'ambassade de France à Santiago. Celle-ci contacte un conseiller au ministère des Affaires étrangères chilien. Celui-ci après des réticences de diplomate (c'est tout dire !) alerte à la fois le ministère de la Recherche et le ministère de l'Intérieur.

Et trois semaines après le début des inquiétudes de Charlotte (c'est peu, en somme), un policier se présente à l'observatoire de San Pedro, à la grande consternation du directeur, qui n'a toujours pas levé le petit doigt. Le policier se fait expliquer, en long et en large, les circonstances du séjour d'Armand et exprime le souhait de visiter son studio.

– Mais, répond le directeur, ce studio est, depuis plusieurs mois, occupé par un autre chercheur.

– Monsieur Lafforet n'a pas emporté toutes ses affaires avec lui, j'imagine.

– En effet, mais elles étaient peu nombreuses et nous les avons stockées…

Le directeur et le policier gagnent une cave poussiéreuse et ouvrent un coffre encore plus poussiéreux. La première chose qui apparaît, c'est une enveloppe adressée à : « Monsieur le Directeur de l'observatoire de San Pedro. »

Le directeur se trouble et bredouille :

– L'employé chargé de vider le studio a été gravement négligent. Je vais prendre des mesures et pour commencer…

Impatienté, le policier l'interrompt :

– Veuillez ouvrir cette enveloppe et me communiquer son contenu.

Les deux hommes lisent le bref message et se regardent avec appréhension.

J'ai besoin d'être seul et libre comme un fermion, un fermion de qui vous savez ! Je pars pour un très long voyage, ne cherchez pas à me joindre.

Le policier informe ses supérieurs par téléphone. Une heure plus tard, un avis de recherche, avec description et photo (un peu floue) est diffusé dans tout le Chili. Le directeur de l'observatoire a quitté précipitamment la cave en marmonnant « Majorana, Majorana ! ». Le policier, resté sur place, examine les affaires de Lafforet. Il trouve des carnets remplis de calculs. Il connaît la réputation du savant. Il se dit que ces documents, présentés à la personne adéquate, pourraient lui valoir une petite gratification…

Quelques jours après, les témoignages commencent à affluer dans le bureau 85 du commissariat central de Santiago, qui coordonne les recherches.

Des centaines de Chiliens ont aperçu Armand un peu partout (vu la forme du Chili, on n'ose pas dire aux quatre coins du pays). Par exemple : Mme Leana Reverte, de San Pedro, écrit que, parcourant l'Atacama avec un groupe de touristes, elle a croisé deux individus à mine patibulaire, dont l'un était certainement M. Lafforet. Un inspecteur va voir Mme Reverte.

– Et que pouvez-vous me dire de son compagnon ?

– Il avait la même taille, la même apparence générale, mais plus pâle, plus maigre ; en somme, le spectre de M. Lafforet.

– Un spectre dans l'Atacama, j'aurai tout entendu, grommelle intérieurement l'inspecteur.

– À la réflexion, ce n'est pas lui. Ces deux hommes étaient bossus, je m'en souviens maintenant.

L'inspecteur remercie Mme Reverte et s'en va, furieux mais impassible.

Autre exemple de lettre, deux jours plus tard : M. Pablo Perez, viticulteur, a embauché pour les vendanges un homme qui pourrait être Lafforet. Interrogé, il se rétracte : l'homme avait moins de 20 ans.

Deux jours plus tard encore, M. Lucas Borga, horloger à Concepcion, écrit qu'il a refusé une montre qu'un individu, probablement M. Lafforet, voulait lui vendre. Interrogé, il se souvient brusquement que cet individu avait un court collier de barbe blanche.

Le lendemain dans le bureau 85, un inspecteur apostrophe ses collègues.

– Écoutez les gars, c'est la meilleure. Lafforet a été vu sans doute possible, dans un restau, à Puerto Natales.

– À Puerto Natales ! Pourquoi pas au pôle Sud ?

Il faut pourtant aller vérifier, ce qui prend une bonne semaine, car Puerto Natales n'est pas à portée de main. Et là, surprise ! Le patron du restaurant, parmi une dizaine de photos d'identité, désigne immédiatement celle d'Armand.

La piste semble sérieuse.

– Il faisait partie d'un équipage de marins, le bateau s'appelait… *la Licorne*. Il avait l'air tout à fait normal !

On consulte des fichiers. Le capitaine de *la Licorne* a eu, semble-t-il, quelques démêlés avec la police. Rien de grave, mais cela facilite sa localisation. De sorte qu'un soir, à Valparaiso, le capitaine se voit poser des questions. Comme il est complètement imbibé de whisky, il passe la nuit dans une cellule de dégrisement. Lors de son réveil, il a tendance à s'attendrir, les yeux larmoyants.

– Ah ! c'était un bon moussaillon, dit-il en s'emparant d'une des photos qu'on a étalées devant lui. Le pauvre ! Il boitait !

– Vous le connaissez ? Il boitait ?

L'enquête, poursuivant son périple, atteint alors Jamestown puis les locaux de la compagnie propriétaire du *Santa Elena*, à Cardiff. Après un immense cycle, des policiers, ou disons la Police avec P majuscule, se retrouvent donc dans le bureau de Gaston Rousseau.

– Êtes-vous certain que votre Armand Lafforet ne soit pas tout simplement chez lui, dans l'appartement que vous lui avez loué, à côté de l'institut ?

– Allons donc ! Impossible !

– Nous voulons tout de même vérifier.

De fait, l'appartement est fermé. Personne ne répond au coup de sonnette. Le directeur ayant perdu la clé, il va falloir casser une vitre. Comme l'appartement est au premier étage, on va chercher une échelle.

Au moment où un policier s'apprête à commettre une effraction, un homme discret, légèrement dépenaillé, porteur d'une petite valise, arrive au pied de l'échelle.

– Mais que faites-vous là-haut ?

Armand Lafforet est de retour.

CHAPITRE 26

Synchronicité

Il retrouve le monde technologique. Parmi les très nombreux courriels qui lui ont été adressés durant son éloignement, il observe un phénomène d'annihilation naturelle, une demande urgente suivie de rappels de plus en plus pressants, puis un dernier message pour signifier que l'on a fait appel à quelqu'un d'autre. Un courriel récent cependant retient son attention quelques secondes. Un certain Woodsborough, milliardaire de son état, lui offre un pont d'or moyennant sa collaboration dans l'élaboration d'un ordinateur d'un nouveau type… Il a dû se tromper d'adresse.

Armand tente d'écrire à Charlotte, d'expliquer sa longue absence, mais il n'arrive à rien et finalement lui envoie trois mots : « `Je suis rentré.` »

Son obsession spectrale le relance. Il crée dans l'ordinateur une liste baptisée Rodrigo2, composée des nombres du second message de Rodrigo, puis la compare avec frénésie avec les spectres d'opérateurs plus ou moins classiques dans l'espace de Hilbert. Aucun n'a la même allure que son code-barres. Il élimine les spectres des corps chimiques, pour la bonne raison que leurs séries caractéristiques formées de raies spectrales de plus en plus proches de certaines d'entre elles sont absentes du spectre d'Atacama. C'est sans doute ce qui avait étonné Rodrigo. Armand essaie toutes les formes connues et compare leurs gammes, sans résultat probant. Le produit d'un cercle par l'espace qui donnait le spectre de la guitare ne tombe pas loin, mais ce n'est toujours pas ça... Il se sature du deuxième concerto de Brahms, espérant une rencontre féconde dans cette œuvre foisonnante. Comment Pollini et Abbado s'y prennent-ils pour transmettre cet art du dévoilement ? Plus il écoute, plus il sent l'urgence à faire parler ce spectre. Le soir, une fois qu'il s'est bien congestionné sur la question, il lui arrive d'entrevoir son problème sous la forme d'une plaque commémorative dissimulée derrière une étoffe soyeuse, n'attendant plus que le jour de l'inauguration pour prendre vie. Juste tirer sur le fil !

Il lit et relit les comptes rendus de l'expérience de Charlotte, de sa conférence de presse. La description de sa résurrection le sidère. Il a du mal à y croire, il doit bien y avoir une explication rationnelle. Ce superordinateur qui semble avoir régi les jours de Charlotte sans jamais rendre de comptes déclenche en lui un étrange mélange de curiosité et d'envie. Qu'est devenu cet acteur essentiel, où est le programme qu'il a exécuté ? S'il est détruit, on n'aura jamais la réponse.

Ce n'est pas une réponse, mais quelques questions bien mûries qui sortent de la bouche de Charlotte le matin où elle débarque dans son studio. Son premier *pourquoi ?*

est prononcé avec une voix tremblante de femme trahie, et Armand, démonté, la regarde, incapable d'articuler la moindre syllabe. Puis Charlotte enchaîne :

– Tu m'as laissée tomber, tu es parti sans dire un mot ! !

Armand, troublé, est victime d'un automatisme. « Voici le temps enfin qu'il faut que je m'explique », lui susurre la petite voix moqueuse, comme chaque fois qu'il se trouve dans l'embarras, cherchant ses mots devant une femme qui n'a pas l'air de plaisanter. Il le déteste ce vers qui s'échappe sans son autorisation du fond de sa mémoire, ricanant, content de son effet. Armand regarde Charlotte puis soupire, dans ses tout petits souliers :

– En vérité, comment aurais-je pu deviner que tu allais tenter, au péril de ta vie, cette expérience incroyable ? J'ai lu les comptes rendus, et j'ai encore beaucoup de mal à y croire : tuée par une aiguille, ressuscitée par un ordinateur !

– Oui, c'est mon Florimond, mon prince charmant, tu vois… Heureusement qu'il était là ! Et toi que faisais-tu ? À quoi rêvais-tu ?

– J'étais obsédé par un problème de maths. J'ai saisi l'occasion d'échapper à mes idées fixes quand j'ai reçu un courriel impératif de Rodrigo…

– Je vois, tu étais dans un état d'intranquillité… Dieu sait ce que l'on peut inventer dans un état pareil !

– Une semaine à la Trappe, où j'ai rencontré le spectre de Grothendieck.

– N'importe quoi ! Et moi qui mourais de peur en me glissant dans le détecteur !

Charlotte entre enfin dans le vif du sujet.

– Tu as tout raté. Ce que j'ai vécu, c'est exactement tes idées sur l'émergence du temps et même de l'espace ! J'étais bien seule dans l'espace de Hilbert !

– Oui, je m'en veux terriblement de ne pas avoir été là. Mais une excursion hilbertienne ! C'est inimaginable, tu ne m'avais donné aucun indice !

– Le secret absolu était une condition nécessaire au succès de l'expérience !

– Dire que j'ai manqué ça, et pour quel résultat ? Pour hériter d'un spectre qui me nargue, qui m'empêche de dormir ! Raconte ! Raconte-moi. Je n'arriverai jamais à être où il faut quand il faut, même pas au rendez-vous des spectres. Dis-moi tout…

Charlotte sourit, attendrie. Elle essaie de rassembler ses souvenirs.

– Il faut que tu saches que l'on m'a même imposé, pour pouvoir réintégrer le CERN, de renier la partie la plus fantastique de mon expérience, là où j'étais seule dans le Hilbert. Et encore, je n'avais pas tout dit !

– Explique-moi ce que tu n'as pas dit aux journalistes, ce que tu n'as pu dire à personne.

Malgré ses efforts et sa bonne volonté, Charlotte s'aperçoit, stupéfaite, qu'elle a perdu ses souvenirs, qu'elle ne fait que se remémorer ses expressions lors de la conférence de presse et ne peut rien dire de plus précis.

– C'est triste, je gardais cela précieusement pour te le raconter, mais je ne m'en souviens plus… Je sais seulement qu'il y a un rapport avec ma frénésie pour les codes-barres, mais tout le côté extraordinaire s'est évanoui, comme si l'ordinateur l'avait emporté avec lui. Il a fallu ta présence pour que je m'en aperçoive.

– Ils t'ont lavé le cerveau !

– Si on veut. J'ai été prise en charge par un psy qui devait certifier que j'étais rentrée dans le droit chemin…

– Tu n'en es pas sortie intacte manifestement.

– Toi non plus, tu ne boitais pas avant…

– C'est une longue histoire. En bref, j'étais sur une île, au bout du monde, complètement isolé et je n'ai rien trouvé de mieux que de me casser la jambe.

Après un long silence, Charlotte, hésitante, demande à Armand :

– Et à quel moment a eu lieu cet accident ?

– Laisse-moi réfléchir… J'avais délibérément essayé d'échapper aux repères temporels habituels, c'était… l'après-midi du premier vendredi d'octobre.

– Incroyable !

Elle sort son smartphone et lui montre le compte rendu, par Chantavoine, de la fameuse séance, le premier vendredi d'octobre, de sa crise, soigneusement noté.

– Voilà exactement ce qui m'est arrivé. La marée montante me terrifiait. C'était le même jour à la même heure, si on prend en compte le décalage horaire !

Émus aux larmes, ils acceptent le message : ils sont enchaînés ! Un lien plus fort que l'amour, plus mystérieux que la vie.

Les Anciens parlaient de philtre, les Modernes parlent d'intrication. Et que proposeront les hommes du futur ?

CHAPITRE 27

Ali ravi

Ali Razavi rêve dans son bureau, au lieu de travailler. Une dizaine d'écrans, interrogateurs, sont tournés vers lui, mais il ne les voit pas. Il médite. En fait, il est anxieux et même légèrement angoissé.

Après les événements extraordinaires dont il a été acteur ou témoin, il s'est interdit d'y penser pendant quelques mois. Submergé par une foule de problèmes informatiques auxiliaires en suspens, les uns théoriques, les autres pratiques, il s'est concentré sur eux.

Mais maintenant Charlotte est libérée, elle dirige à nouveau son équipe, la situation redevient normale bien que la chercheuse ne soit pas tout à fait la même qu'avant.

Ali peut, sans risquer de tempête mentale, récapituler la semaine prodigieuse : l'aiguille, préparée par lui, transperçant pour le cartographier le cerveau de Charlotte ; l'immersion de celle-ci dans l'hélium liquide ; l'activité intense et mystérieuse du grand ordinateur ; enfin son entrée en action, aboutissant à cette spectaculaire résurrection.

Le grand ordinateur ! C'est son trésor, c'est son bébé ! Il le bichonne, le perfectionne depuis des années, pour en obtenir les performances indispensables aux expérimentateurs. Or son bébé lui a échappé. Il ne comprend pas son comportement pendant les jours critiques. Eh bien ! Il veut comprendre.

Je dois tout simplement me mettre à sa place, songe-t-il. Voyons ! Au départ, je reçois en une microseconde des milliards d'informations codées concernant un cerveau. Débordé, je les enregistre comme je peux, certainement en désordre. Je regroupe, j'organise ces informations. Mais après… Qu'est-ce qui me pousse à vouloir faire revivre ce cerveau, alors que je ne sais même pas ce qu'est la vie. Plus tard encore, il y a le problème médical, chirurgical. C'est le mécanisme de la décision centrale qui obsède, qui angoisse Ali. Il s'ébroue. Le premier problème, celui de l'organisation des données, doit être à sa portée, à condition de beaucoup travailler.

– Je vais lui faire subir quelques tests préparatoires, murmure-t-il.

À ce moment, on frappe à la porte du bureau. C'est le directeur du CERN, le nouveau directeur. Ali déteste ce personnage huileux et obséquieux, qui a, de toutes ses forces, agi dans l'ombre pour faire destituer Charlotte, pour la faire condamner au cours d'un procès inique. L'homme se répand en flatteries.

– Je sais le rôle essentiel que vous jouez. C'est pourquoi je désire que vous soyez le premier prévenu.

Le grand ordinateur ne suffit plus pour analyser les données trop nombreuses de nos expérimentateurs. Nous allons le remplacer par une machine dix fois plus puissante.

Machine toi-même, rumine Ali. Puis, à voix haute :

– Mais que va-t-il advenir de l'ordinateur actuel ?

– Oh ! il sera démonté d'ici une quinzaine de jours, et les différents modules seront revendus. Les amateurs ne manquent pas... Vous voilà prévenu. Bien entendu, vous aurez la haute main sur la nouvelle machine. Je me sauve, je suis déjà en retard.

Ali reste assommé. Ainsi, son bébé va être coupé en morceaux ! Et il ne lui reste plus que deux semaines pour en deviner les secrets ! Tâche impossible ! Il sort de son bureau et se heurte immédiatement à deux visiteurs : Charlotte Dempierre et Armand Lafforet.

– Tu connais déjà Armand n'est-ce pas ?

– Bien sûr ! J'ai assisté à votre conférence au CERN. C'était il y a un an, je crois.

Ali réintègre son bureau, suivi des deux autres.

– Charlotte m'a expliqué votre rôle, dit Armand. Vous êtes, en somme, le cavalier qui fait trotter, galoper le grand ordinateur. Vous lui enseignez ses meilleurs tours.

– Génial Florimond ! dit Charlotte. Où serais-je maintenant sans sa conscience professionnelle ?

– Florimond ? réagit Ali.

– On donne bien des prénoms aux chats et aux chiens, aux tortues, pourquoi pas à un ordinateur ?

Armand commente :

– Charlotte vous expliquera pour quelle raison elle a choisi celui-là.

– Hélas, il va échapper à son maître, je viens d'apprendre qu'il doit être coupé en morceaux !

Et Ali raconte son impuissance, ce délai fatidique de deux semaines.

– Il faut absolument sauver Florimond, c'est à mon tour d'agir, je ne sais que faire ! dit Charlotte.

Les trois chercheurs se creusent la tête sans résultat... Le lendemain matin Armand annonce :

– Je pense pouvoir vous aider. Hier soir, j'ai relu à tête reposée l'un des nombreux courriels qui m'attendaient à mon retour. Un milliardaire de la Silicon Valley, nommé Woodsborough, cherche à entrer en contact avec moi. J'ai deviné qu'il a eu accès par des moyens détournés et sans doute illégaux aux notes que j'avais laissées à l'Alma lors de mon départ précipité. Il en a conclu, semble-t-il, que je prépare un ordinateur quantique réellement opérationnel. Inutile de vous dire que c'est très loin de la vérité. Bref, curieux de savoir ce qu'il avait en tête, j'ai regardé son projet. Tout y est farfelu, sauf en un point : il consent à débourser des sommes phénoménales.

– Bonne entrée en matière ! s'exclame Ali.

– Je vous propose de lui tenir le discours (fallacieux, je l'avoue) suivant : vous et moi pensons qu'avec l'aide du grand ordinateur du CERN nous pouvons résoudre les problèmes de construction d'un ordinateur quantique.

Il faut donc acheter ce grand ordinateur. Notre Crésus fera une offre mirobolante au directeur qui, d'après ce que vous nous racontiez, sera trop heureux d'accepter. Qu'en dites-vous ?

– Encore un miracle ! Je suis ravi.

– Attention ! Notre bailleur de fonds exigera que l'appareil soit transporté en Californie.

– La chose est faisable. Et j'irais au bout du monde pour arracher ses secrets à... mon cheval. Charlotte, j'aurai besoin de toi.

– Je ne serai pas fâchée de quitter le CERN et l'Europe quelque temps, j'y ai trop de mauvais souvenirs, sans parler d'un psy qui m'a trahie. Et Armand me suivra, n'est-ce pas Armand ? Tu aimes les voyages, n'est-ce pas Armand ?

CHAPITRE 28

Les vingt-quatre hertz du Clos Lucé

Une limousine digne des meilleures séries télévisées les attend à l'aéroport de San Francisco. Chauffeur à l'ancienne avec casquette, vitres sombres, sans doute blindées. L'immatriculation attire l'attention d'Ali.

– Cela veut dire qu'il a des moyens colossaux, une plaque pareille !

Ils ont voyagé en première classe et dormi comme à la maison après un dîner bien arrosé. Sortis frais et vigilants de l'avion, ils s'intéressent à leur itinéraire. Charlotte, la plus curieuse, émet une hypothèse :

– J'ai l'impression, d'après les panneaux, qu'on prend la direction de Monterey ; on continue à suivre la côte vers le sud, sur la California One.

– Alors on va voir le ranch de Clint Eastwood ! dit Armand tout excité.

Une dizaine de miles avant Monterey, la longue voiture s'engage sur une route secondaire puis traverse un grand parc où coule une rivière agrémentée de petits ponts japonais. Après quelques virages négociés avec toute la délicatesse de l'homme à casquette, ils aperçoivent

Le Clos Lucé vu du jardin.

leur résidence. Aucun des trois ne s'attendait à pareille surprise, pas même Ali qui a longtemps séjourné en Californie et pu apprécier l'originalité des goûts locaux. On vient de les déposer avec le plus grand flegme devant la copie conforme du Clos Lucé, le délicieux petit château de brique rose et tuffeau, mis à la disposition de Léonard de Vinci par François Ier, en 1516, à Amboise.

Séduit, un jour de printemps, par le doux Val de Loire, par le fastueux château royal, par ce beau nom d'Amboise qu'il prononçait « framboise », car on lui avait parlé d'une étymologie douteuse, peut-être fruitière,

M. Woodsborough avait demandé le prix du petit manoir situé à quelques pas du célèbre édifice. À l'époque la France ne bradait pas ses monuments historiques. Il avait compris qu'il devrait se contenter d'une copie.

– Diable, intervient Armand, la dernière demeure de Léonard ! J'espère que cela ne va pas nous porter la poisse !

Charlotte se fâche :

– Toi et tes signes… tu nous fatigues ! Tu devrais te réjouir qu'il n'ait pas acheté l'original pour le faire transporter en pièces détachées par avion-cargo !

– Calmez-vous, on nous regarde, dit Ali.

Un majordome à l'allure compassée leur fait visiter les lieux : au rez-de-chaussée, le vestibule, un oratoire, petite pièce intime où l'on a reproduit les fresques de l'atelier du maître. Sur celle de l'Annonciation, l'archange Gabriel se trouve à droite de l'œuvre.

– Dans la plupart des Annonciations l'archange arrive à gauche du tableau. Il paraît que c'est à cause de l'écriture de gauche à droite. Léonard, on le sait, était ambidextre et aimait écrire en miroir de droite à gauche, dit Armand pour se rendre intéressant.

– Mais cela ne prouve rien, car la fresque n'était pas de Léonard, réplique Charlotte.

La pièce de réception, qui sert de salle à manger, offre une vue magnifique sur les jardins. Mais il manque un élément essentiel dans le décor, le château du roi et sa terrasse. Tout ce qui pouvait l'être a été méticuleusement copié, des lambris à la cheminée monumentale de

La salle de travail de Léonard de Vinci au Clos Lucé.

la cuisine. À l'étage, le cabinet de travail de Léonard ainsi que la chambre où il est mort dans les bras de François Ier. Le tableau d'Ingres copié lui aussi à l'identique y est accroché et authentifie la copie.

– Le spectre de Léonard, si je m'attendais à cela ! s'exclame Charlotte.

– J'ai entendu dire que François Ier n'était pas à Amboise ce jour-là, Ingres a réécrit le passé ! tempère Armand.

Au rez-de-chaussée, ils découvrent une reconstitution exemplaire de la bibliothèque de Léonard ; il y règne un certain désordre. La lumière adoucie par les vitres en culs-de-bouteille semble propice aux discussions fructueuses.

Au sous-sol une vaste pièce carrelée, consacrée aux machines du maître, à ses inventions fabuleuses, telles qu'on les admire en Touraine, impressionne le trio.

Il reste beaucoup de place pour les nouvelles machines, arrivées par avion. Une immense housse les protège. Ali ne résiste pas à la tentation d'en soulever un coin, « un coin du voile ! » dit-il ému.

– Ce sera notre laboratoire, ajoute Charlotte, il est spacieux à souhait.

– J'espère qu'il est climatisé ! dit Ali.

– Sûrement à grands frais, répond Armand.

Les chambres aménagées pour les trois scientifiques se trouvent au second étage, mansardées : elles ne font pas partie de la copie conforme. M. Woodsborough, en homme d'expérience, sait que les scientifiques ne sont pas toujours exempts de superstition.

Ali, pressé de rendre visite à son bébé, laisse Charlotte et Armand s'installer. À tout seigneur, tout honneur, les ordinateurs sont dignement logés dans le laboratoire. Il s'en réjouit. Le voyage n'a endommagé aucune pièce.

Les dîners sont servis sur une immense table, sous la protection de François Ier en buste. C'est le majordome qui les y convie par un solennel : « *Dinner is served.* » Woodsborough a trop bien fait les choses. La cuisinière de Léonard disait simplement : « La soupe va refroidir »,

Salle Renaissance du Clos Lucé.

et elle avait raison. Ali, toujours en retard, ne réussit jamais à manger chaud.

En une semaine de travail acharné, il rebranche, reconstitue et réactive l'ensemble des processeurs. Au moment crucial de la remise en route, un sourire à la fois attendri et malicieux fleurit sur ses lèvres. Il préfère être seul ; il se sait émotif dans des circonstances exceptionnelles. Le majordome passant dans le couloir ne sait comment interpréter les exclamations de joie qui éclatent à l'intérieur du laboratoire : « Ah ! mon petit, te revoilà ! J'avais oublié comme tu es beau, comme tu es doué ! Mon bébé ! »

Depuis leur arrivée, Charlotte a eu le temps de visiter les environs au volant de la Chevrolet décapotable mise à leur disposition. Le jour J, elle est en balade sur la côte pour prendre des photos. Elle a déjà un bel album : beaucoup de vues splendides du Pacifique, avec ou sans nuages, des couchers de soleil avec ou sans séquoias, bien sûr, mais aussi, chose un peu déroutante, des clichés de codes-barres. Depuis qu'elle est en Californie, elle multiplie les emplettes pour un oui ou pour un non. Armand n'aime pas photographier, il se contente d'admirer poliment la collection particulière de son amie. Rentrée à l'heure du thé, elle va chercher Ali planté devant ses écrans. Dès qu'elle pénètre dans la pièce, Ali s'étonne. Il a l'impression que l'engin émet un très léger bourdonnement à 24 hertz.

– Tu écoutes de la musique contemporaine ? demande Charlotte.

Le son monte lentement en intensité, puis se stabilise. Quand Charlotte sort, le bourdonnement disparaît. Elle revient chercher son sac oublié près de la grosse machine.

– Il y a un chat dans la pièce, j'entends la fréquence caractéristique du ronronnement, dit Charlotte. Oui, il ronronne de contentement, ce matou. Je voudrais le caresser, où est-il donc ?

CHAPITRE 29

Le réveil de Florimond

Pendant qu'Ali se consacre entièrement à des mises au point méticuleuses sur Florimond, Charlotte et Armand s'accordent un peu de bon temps. Fascinés par les performances de la décapotable, ils visitent les environs du « Clos Lucé ». Les environs au sens large : ils n'hésitent pas à faire une centaine de miles pour voir le désert, les montagnes, la côte du Pacifique jusqu'à Stinson Beach. Armand adore les ponts. Il les compare, leur donne même des notes et Charlotte les photographie pour son album.

Sans doute Armand a-t-il toujours dans sa poche, ou au moins dans sa tête, la figure du spectre d'Atacama, mais il n'en dit mot. Personne ne peut lui en vouloir de se réserver un jardin secret au sein de cette petite communauté.

Florimond est maintenant opérationnel. Ali le soumet à des tests, lui propose des problèmes, le nourrit de programmes sophistiqués.

Parfois, tout de même, Charlotte et Armand descendent au sous-sol. Non pour travailler – ils estiment avoir du temps devant eux – mais pour le plaisir d'entendre, immanquablement, l'ordinateur se mettre à ronronner dès que Charlotte s'en approche. Ce sont de grandes séances de fou rire. Charlotte joue la femme aguicheuse : elle sort du labo, revient, et l'ordinateur, soumis, diminue ou accentue son ronronnement. En revanche, il est indifférent à la présence d'Armand et d'Ali.

Deux semaines passent. Charlotte et Armand constatent qu'Ali, préoccupé, distrait, ne répond plus à leurs questions, ne s'intéresse plus à leurs excursions. Un soir, dans la bibliothèque de Léonard où les trois amis se retrouvent après le dîner, Ali sort brusquement d'une rêverie et déclare :

– Je dois vous parler.

Puis il se tait. Ses collègues attendent, vaguement inquiets. Ali finit par s'expliquer, en hésitant et en bafouillant :

– Vous savez que je veux comprendre le comportement miraculeux de l'ordi pendant le… coma de Charlotte. Or je ne progresse pas. Pire, il m'échappe, de façon plus fondamentale qu'il ne m'échappait au CERN. Je devrais pourtant me réjouir car je constate que, durant certains intervalles de temps, ses performances sont considérablement améliorées.

– Quels intervalles de temps ? De longs intervalles ? demandent simultanément Charlotte et Armand.

Ali s'affaisse un peu.

– J'hésite à vous répondre… Allons-y ! Ces intervalles de superpuissance coïncident avec… la proximité de Charlotte.

– Ce n'est pas vrai ! murmure Armand.

Charlotte se lève, un peu pâle, et marche de long en large dans la pièce.

– Je dois moi aussi vous parler, dit-elle, vous parler d'une sensation à laquelle je refusais de prêter attention. Quand je m'approche de l'ordi et qu'il ronronne, je ressens une extraordinaire volupté. J'attribuais cette sensation à nos séances de fou rire. Mais je savais bien, au fond, que je m'aveuglais volontairement.

– En tout cas, dit Armand, finies les excursions. Il faut que nous collaborions, tous les trois, pour comprendre ce nouveau mystère.

À partir du lendemain, le trio ne quitte le laboratoire que pour manger ou dormir. Quelques essais faciles prouvent que Charlotte, si elle veut influencer l'ordi, ne doit pas être distante de plus d'une vingtaine de mètres.

Un jour, après une pause-café, Charlotte, pendant plusieurs minutes, paraît s'absenter, se figer dans une attitude peu naturelle. Quand Armand lui effleure l'épaule, elle sursaute légèrement et rejoint le monde réel.

– Je ne vous voyais plus, dit-elle. J'étais plongée dans des scènes de mon enfance, de mon adolescence. Je me revoyais surtout chercheuse débutante, pleine d'une assurance injustifiée. Les idées scientifiques les plus folles ne cessaient de défiler dans ma tête. Non seulement je ne les contrôlais pas, mais je les accueillais à cerveau ouvert… je vais vous ennuyer si je continue cette séance d'introspection.

Un coup d'œil sur Armand et Ali qui l'écoutent, fascinés, la détrompe.

– Bon, je continue. Je notais dans des cahiers des hypothèses hasardeuses, des intuitions, même si elles concernaient des sujets qui m'étaient presque étrangers. Je notais, pleine d'un extraordinaire optimisme, parfois riant toute seule. Naturellement, cette phase de rêve éveillé n'a pas duré très longtemps. Il a bien fallu que je me soumette aux exigences de la logique et de l'expérimentation, il a bien fallu que j'élimine à tour de bras. Le temps de la raison, disons même de la sécheresse, est venu. Tout n'était pas à jeter, d'ailleurs, dans mes extravagances. Et voici le point important : la tranquille assurance dont j'ai disposé pendant quelques années de ma jeunesse me revient intacte chaque fois que je suis dans le rayon d'action de l'ordinateur ! Cela m'a permis d'explorer certaines parties reculées du champ de mes rêves, des rêves que la maturité me permet de contrôler. La conclusion me paraît s'imposer : non seulement ma proximité améliore les performances de l'ordi, mais elle améliore aussi celles de mon cerveau. Jusqu'où pouvons-nous aller ?

– Nous allons faire un test, dit Ali. Charlotte, installe-toi à côté de l'ordi. J'ai construit un nombre en multipliant deux très grands nombres premiers.

Je demande à l'ordi de retrouver la factorisation de ce nombre. C'est un problème que les plus puissants ordinateurs actuels ne peuvent pas résoudre ; il leur faudrait des siècles de calcul.

Ali insère le nombre, avec un programme approprié, dans l'ordi. Cinq minutes plus tard, celui-ci exhibe la factorisation demandée. Charlotte de son côté arbore un fin sourire : ayant deviné qu'Ali avait utilisé les nombres de Lucas, ces très grands nombres premiers construits en vérifiant un critère très élaboré dû au mathématicien Français Édouard Lucas, elle l'avait probablement soufflé, sans s'en rendre compte, à l'ordinateur.

– C'est formidable, s'exclame Ali. Nous étions mandatés pour construire un ordinateur quantique. Nous trompions notre mandataire en nous occupant d'autre chose. Et il se trouve que nous avons rempli notre mandat, d'une façon inattendue. Car le problème de la factorisation est un de ceux dont on attendait la solution par les ordinateurs quantiques…

CHAPITRE 30

Mode quantique

Les trois amis n'en finissent pas de tester les pouvoirs surnaturels de Charlotte quand elle se trouve à proximité de Florimond. Elle se prête au jeu.

– J'ai un cadeau pour toi, Armand : lors de nos retrouvailles, j'avais voulu te décrire l'expérience de mon « séjour hilbertien » puis constaté que ces souvenirs avaient disparu de ma mémoire. Or, quand je suis proche de Florimond, j'ai l'impression de pouvoir me retrouver dans cet état !

– Essayons tout de suite !

Un dialogue s'établit alors entre Charlotte et Armand, Ali reste silencieux.

– Laissez-moi me concentrer... Voilà, je suis maintenant capable de décrire cet état. L'impression que j'ai, c'est tout d'un coup un enrichissement démesuré de mes perceptions visuelles et auditives. Elles deviennent indistinguables les unes des autres et ajoutent à la perception ordinaire, classique, une myriade de détails microscopiques. Je ne vois plus de continu coloré mais je vois, ou plutôt je perçois, des millions, des milliards de photons, de particules élémentaires de lumière...

– C'est très difficile à imaginer, pas étonnant que ta mémoire n'ait pas suffi et que tu ne puisses retourner dans cet état qu'en présence de Florimond. Mais que ressens-tu ?

– Comment traduire par des mots ? Ce qui domine, c'est un froid sidéral. On ne peut parler de mouvement, mais on perçoit partout une cohérence interne étrangère au monde extérieur, de l'intrication, une harmonie parfaite ! Comme si un chœur immobile était constitué de voix innombrables.

– Tu dis « partout », ce qui suggère au moins que tu arrives à localiser ces photons dont tu parles !

– Non ! Je ne peux certainement pas les localiser dans l'espace ni même dans le temps… J'ai plutôt l'impression de me retrouver devant un objet mathématique !

– Diable ! L'espace de Hilbert et une pluralité de vecteurs ! Dire que je ne percevrai jamais cela directement !

– Oui, tes mots décriraient peut-être la scène mais pas les acteurs. Les acteurs ici ce sont les opérateurs… on dirait un fourmillement de codes-barres !

– Soit. Seulement dans ta description rien ne bouge, où est la variabilité ?

– Chaque opérateur a son spectre : c'est son espace vital. La variabilité provient de la complexité de chacun de ces spectres ! C'est simple !

– Oui, pour toi ! Mais le temps tel que nous le connaissons, où est-il dans tout cela ?

Après un silence prolongé Charlotte, émue, recourt à l'imparfait :

– J'étais…

dans un lieu renfermant tous les instants – un musée de lépidoptères
Pourtant le soleil était aussi fort qu'auparavant.
Ses pinceaux impatients peignaient le monde[4].

» Tant que ma connaissance de tous les détails microscopiques restait complète, le temps, tel qu'il nous est familier, ne se manifestait pas. Il est réapparu à mon réveil, progressivement. Les détails une fois estompés, comme si ma perception devenait de plus en plus floue, tous ces opérateurs se sont mis à tourner dans un bel ensemble, comme entraînés malgré eux dans un ballet cosmique, dans une cohérence universelle. J'avais l'impression de m'éloigner de plus en plus de cette réalité, de cette perception antérieure incroyablement précise.

– Sacrée excursion quantique ! s'exclament Ali et Armand qui regardent Charlotte comme une extraterrestre.

– Nos discussions et nos constatations doivent rester secrètes, dit Ali, mais il nous faut, avant tout, COMPRENDRE !

Et les trois chercheurs, pendant quelques jours, au lieu d'expérimenter, discutent, réfléchissent, n'excluant pas la philosophie. Une idée s'impose : Charlotte, lors de son épreuve, a eu manifestement « accès au quantique ». Son cerveau, sans doute, peut maintenant fonctionner sur le mode quantique. Soit ! Mais comment interpréter cette communication éclatante entre l'ordinateur et ce cerveau qui a été déclaré entièrement normal après un scanner ?

C'est Ali, au bout d'une semaine, qui entrevoit une explication. Il la soumet aux deux autres.

– Je dois d'abord revenir sur la réparation chirurgicale que l'ordinateur a fait subir à Charlotte pour préparer sa résurrection. Des témoins ont décrit des bistouris, des ciseaux qui fonctionnaient tout seuls. Vous n'avez pas cru à ces sornettes ?

– Ma foi, dit Armand, on nous a parlé d'un miracle. Alors, un peu plus, un peu moins...

– Certes, le comportement de l'ordinateur a été miraculeux. Mais il y a des degrés dans les miracles, intervient Ali. Tu conserves vraiment un résidu d'obscurantisme.

– Jamais de la vie ! proteste Armand vexé.

– Pendant la « semaine prodigieuse », j'avais installé un petit PC clandestin dans les profondeurs du CERN, pour mieux surveiller mon bébé. Après deux ou trois jours, il m'a donné sur imprimante quelques instructions. C'est moi qui ai fourni à l'ordi les instruments, les robots qui sont restés invisibles dans la pénombre... Au moment crucial de l'opération, une manœuvre m'a semblé particulièrement mystérieuse. Je pense maintenant que l'ordi a implanté un microprocesseur qui fonctionne en mode quantique, du moins à proximité de Florimond, un microprocesseur alimenté biologiquement en énergie. Biologiquement, c'est-à-dire, par exemple en exploitant les sucres du sang. Vous me direz que ce microprocesseur aurait dû être détecté au scanner. Eh bien non ! Je viens de me souvenir d'une récente découverte, détaillée sur Internet, qui rend une telle implantation réalisable et invisible, protégée de la décohérence naturelle.

– Se protéger de la décohérence induite par l'environnement, c'est tout le problème de l'ordinateur quantique, soupire Armand.

– Oui. Et n'oubliez pas que l'ordi a commencé par recevoir un plan détaillé des connexions neuronales de Charlotte. Je crois que l'empathie ainsi réalisée entre les deux « entités » explique que l'ordinateur se soit décidé à la ressusciter. C'est un problème qui me préoccupait.

– Quelle histoire ! s'exclament les deux autres.

Armand regarde Charlotte à la dérobée.

– En effet… excuse-moi, Charlotte, reprend Ali, de te bombarder à bout portant de compliments… tu es une femme généreuse, extravertie, aimant la vie, bien que n'hésitant pas à risquer la tienne. L'ordinateur, imprégné en quelque sorte de ta structure mentale, n'a pas supporté ta mort… Par ailleurs, l'autodestruction du programme qui t'avait ressuscitée a beaucoup surpris et désappointé les experts, mais ce n'était qu'une mise en sommeil résultant de ton éloignement physique.

– J'avais aussi songé, dit Charlotte, à des explications du même genre, cependant moins flatteuses pour moi ! Quand je me suis installée au sein du détecteur pour faire enregistrer les connexions neuronales de mon cerveau, trop tentée par cette unique occasion d'utiliser Atlas pour faire la pige au Human Brain Project, je n'imaginais pas que je risquais de me faire « implanter par un ordinateur ». Je suis épouvantée d'être à la merci d'un pouvoir qui me dépasse totalement !

– Rassure-toi, dit Ali. D'abord tu dois comprendre que lors de l'expérience du CERN tu n'es jamais morte. La mort est définie comme la mort cérébrale, or ton cerveau a continué à exister dans l'ordinateur. Je dirais même que c'est sûrement toi, ton cerveau, qui as pris cette décision d'implanter le microprocesseur au moment de réactiver ton corps. Il a fallu toutes tes connaissances de la mécanique quantique pour réaliser ce processus, et c'était ton intelligence qui gouvernait sa mise en œuvre. Tu n'as rien à craindre de Florimond ! De plus la communication avec lui cesse dès que tu en es suffisamment éloignée, et ton implant reste alors complètement inactif. De mon côté j'ai le droit de vie ou de mort sur Florimond. Tu as tout à gagner en exploitant au mieux « à ton seul désir » ce tandem d'un nouveau genre : un ordinateur couplé à un transhumain passé par le quantique !

– Ce tandem, reprend Armand, répond au désir de Woodsborough. Il pourrait vendre à prix d'or ces artefacts en assez grande quantité s'il trouvait des candidats pour se prêter au même traitement que Charlotte !

Charlotte, elle, repense à son intrication sentimentale survenue lors de l'accident d'Armand. Se pourrait-il qu'en tout lieu elle soit à la merci du pouvoir de Florimond ? En bonne physicienne, elle se rassure en constatant que les explications d'Ali sont très rationnelles, donc convaincantes. Quant aux intrications sentimentales, elles ne courent pas les rues, mais on en a relevé des exemples bien avant l'invention de l'ordinateur.

Armand ne voit plus Charlotte du même œil. D'abord, il constate, mécontent de lui – mais il n'y peut rien – qu'il est jaloux de l'ordinateur. Qui a réveillé la belle endormie, endormie par une piqûre, se rappelle-t-il soudain, un peu saisi, sinon un prince charmant ? Et ce prince entretient maintenant des relations très étroites, trop étroites, avec sa belle.

Et puis, songe Armand en contemplant Charlotte, ai-je affaire à une femme ou à une mutante ?… Après tout, peu importe. Je me sens très capable de faire l'amour avec une Andromédienne. Je crois que ce serait même fort excitant.

CHAPITRE 31

Le spectre et son double

Le lendemain, Armand, ayant oublié sa jalousie et ses libidos extraterrestres, s'adresse à Charlotte :

– La proximité de Florimond augmente considérablement les performances de ton cerveau. Cela étant, tu conserves tes capacités humaines habituelles. Cette combinaison devrait te permettre de résoudre certaines questions, même un peu bizarres.

Quel opportunisme ! se dit-elle, contrariée… Mais, après tout, j'en ferais autant à sa place !

– Je sens que tu vas me poser une question « un peu bizarre » !

– Effectivement. Je t'explique d'abord le contexte. Dans le récit de ton expérience hilbertienne, tu as insisté sur le rôle des opérateurs comme acteurs principaux, et sur leurs spectres. Eh bien, l'observatoire de San Pedro a photographié des spectres d'étoiles, des spectres de galaxies, des spectres d'objets astronomiques variés. Il en a photographié des centaines de milliers. Ces spectres ont été numérisés puis stockés dans une base de données consultable sur Internet.

Charlotte attend la suite. Armand hésite. Sans savoir pourquoi, il veut garder secrets les trois messages de Rodrigo, messages dont il ne connaît toujours pas la signification. Il prend la tangente :

– L'un de ces spectres, paraît-il, présente des caractéristiques fort intrigantes. Mais, à cause des bagarres perpétuelles entre les patrons de l'observatoire, je n'ai pas pu en avoir connaissance. Accepterais-tu d'explorer la base de données et de dénicher l'oiseau rare ? Pour un cerveau normal, il faudrait plusieurs dizaines d'années. Un ordinateur serait lui aussi impuissant : un spectre inhabituel, c'est une requête trop floue pour qu'il puisse la traiter. Qu'en dis-tu ?

Si elle réussit, songe Armand, un peu jésuite, mon spectre entrera en scène.

– Quelle tâche fastidieuse ! Tu me prends pour Henrietta Leavitt ?

Elle accepte pourtant, un peu pour voir ce que donnent ses nouvelles capacités. Armand lui communique ses accès à la base de données, et Charlotte se lance dans l'exploration. Bien entendu, elle s'est installée à moins de 20 mètres de l'ordinateur, et l'analyse va vite. Mais le travail est gigantesque. La fin de la journée survient sans résultat.

Malgré tout, dès le lendemain en milieu de journée, Charlotte, peut-être aidée par la chance, annonce triomphalement :

– Le voici, ton spectre. Il sort de l'ordinaire, en effet.

Le « spectre clairsemé ».

Voici le spectre d'une chose
Dont le mystère est sans rival.

Armand est à la fois admiratif et surpris. Mais sa surprise se change en stupéfaction quand il constate que ce spectre ne coïncide pas avec celui de Rodrigo. C'est un spectre beaucoup plus simple : seulement une vingtaine de raies, qui n'évoquent aucun spectre classique. En fait, il se déploie vers l'ultraviolet et les raies deviennent de plus en plus denses quand la fréquence augmente, alors que le spectre d'Atacama se déploie vers l'infrarouge.

– Et je l'ai partiellement décodé, ajoute Charlotte.

– Vite, dis-nous !

– J'ai commencé par calculer les fréquences associées à chacune des raies spectrales. Puis les rapports de ces fréquences avec celle de la première raie visible. Et c'est là que j'ai reconnu, en utilisant mon expérience, les rapports des logarithmes des nombres premiers.

– Que veux-tu dire quand tu parles de ton expérience ?

– Je veux dire que je connaissais presque « personnellement » les approximations rationnelles des rapports des logarithmes des nombres premiers, pour les petites valeurs. Parmi les parties reculées du champ de mes rêves, je me suis amusée à explorer, à proximité de Florimond, une direction que pourrait prendre la musique contemporaine au-delà du dodécaphonisme, qui rejette la tonalité et met sur le même plan les douze demi-tons de la gamme chromatique. J'y pensais depuis longtemps à cette idée, mais je n'avais pas les moyens techniques, et encore moins une oreille suffisamment précise. Le point de départ est la restriction que s'impose le dodécaphonisme en se limitant aux nombres premiers 2 et 3, et au rapport qui joue un rôle essentiel en musique classique, le rapport log (3)/log (2), qui vaut presque 19/12. C'est le dénominateur 12 de cette approximation rationnelle qui est l'étymologie du dodécaphonisme. On a tout fondé sur seulement deux nombres premiers, 2 et 3, pourquoi ignorer les autres ? J'en ai essayé plusieurs, jusqu'à trente environ, et pour cela j'ai, avec Florimond, trouvé de très bonnes approximations rationnelles des rapports de leurs logarithmes.

– Le moins que l'on puisse dire, c'est que tu nous épates, mais dis-nous quels sont les nombres premiers qui correspondent à ton spectre !

Charlotte inscrit alors, au-dessous de quelques-unes des raies spectrales, les nombres premiers correspondants, ou plus exactement leurs logarithmes.

– Attribuons à la raie la plus à gauche le nombre 17.

– Mais voyons, c'est arbitraire, interrompt Armand.

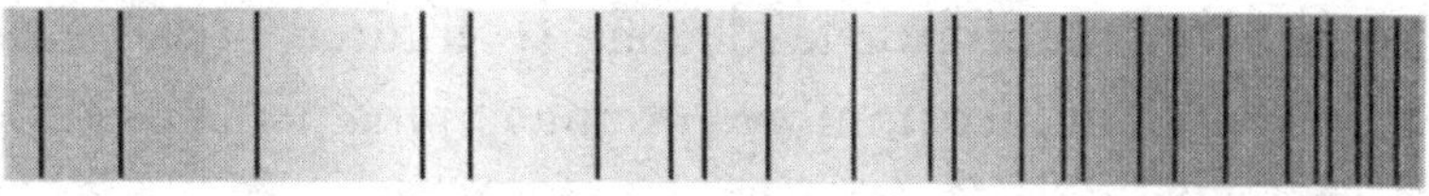

Décodage du spectre clairsemé par Charlotte.

– Patiente une minute, je te prie. Si tu acceptes ma convention, les autres raies correspondent précisément aux nombres suivants : 19, 23, 29, 31, 37, 41, 43, 47, 53, 59, 61, 67, 71, 73, 79, 83, 89, 97, 101, 103, 107, 109, 113. Or c'est exactement la liste des nombres premiers compris entre 17 et 113. Cela ne peut être l'effet du hasard.

– Tu as raison, reconnaît Armand, de plus en plus ahuri, après avoir vérifié mentalement la cohérence de la trouvaille de Charlotte. Comment ce spectre « premier » a-t-il pu atterrir dans la base de données ?

– Montre-moi où tu l'as trouvé, ce spectre, dit Ali.

Après une analyse approfondie des données informatiques, Ali arrive à identifier la date de l'observation du spectre : c'était un peu avant qu'Armand ne reçoive le message de Rodrigo. Deux questions leur viennent alors à l'esprit.

Quelle est l'origine astronomique de ce spectre ?

Si ce spectre est toujours observable, pourrait-il être observé plus complètement, au moins vers l'infrarouge, spécialité de l'Alma ?

– En effet, observe Armand, si l'interprétation de Charlotte est juste – et l'on ne peut guère en douter – la suite du spectre vers l'infrarouge devrait se limiter à six raies, correspondant aux nombres premiers plus petits que 17, à savoir 13, 11, 7, 5, 3 et 2.

Ils pourraient bien sûr questionner les astronomes de l'Alma, mais ils hésitent, car ceux-ci ne gardent certainement pas un souvenir favorable du visiteur fantôme. Armand envoie à tout hasard un courriel à Rodrigo au prétexte de prendre de ses nouvelles.

En attendant, les discussions vont bon train entre Charlotte, Armand et Ali.

– Il me paraît surprenant, dit Ali, que les nombres premiers interviennent dans les phénomènes naturels.

– Et pourtant…, dit Charlotte. On pourrait facilement imaginer un processus physique qui élimine successivement tous les nombres pairs sauf le premier d'entre eux qui est 2, puis tous les multiples du suivant sauf le premier qui est 3, et ainsi de suite avec 5, etc.

– Oui, dit Armand. Ton crible est connu depuis 240 avant Jésus-Christ, et s'appelle le « crible d'Ératosthène ». Il ne s'arrête jamais et, bien que chaque fois on élimine une infinité de nombres, comme les nombres pairs, les multiples de 3, etc., il restera toujours un nombre qui n'a pas été éliminé. La preuve est simple et connue depuis l'Antiquité : supposons qu'après un nombre fini d'étapes tous les nombres aient été éliminés. On se rappelle que chacune des étapes éliminait les multiples d'un nombre premier : 2, 3, 5, 7, 11, etc. Si on prend le produit de ces nombres et que l'on ajoute 1, le nombre obtenu n'a pas été éliminé par le crible, puisqu'il n'est multiple d'aucun des nombres utilisés jusqu'alors. Ce petit pas de côté, consistant à ajouter 1, voilà ce qui montre que le crible est infini. Comme celui-ci se construit par un processus d'itération, il n'est en effet pas impossible qu'il ait une réalisation physique, mais je suis perplexe quant à l'existence d'un tel phénomène en astronomie !

– On ne peut l'exclure, rétorque Ali. Imagine un processus d'élimination parmi les entiers, pas nécessairement par le crible. Il pourrait éliminer les nombres composés, ceux qui, comme 15, peuvent se représenter comme le nombre de points d'un rectangle, ici 3 rangées de 5 par exemple, alors que l'on ne peut procéder de même pour 13 ou 17… En fait, trois mathématiciens indiens, Manindra Agrawal, Neeraj Kayal et Nitin Saxena, ont trouvé en 2004 un algorithme qui décide si oui ou non un nombre est premier, en un temps qui est borné par la puissance 8e du nombre de ses chiffres.

– Oui, ils ont montré que la question de savoir si un nombre est premier appartient à la classe « P », qui signifie « temps polynomial », intervient Armand. Autrement dit on obtient la réponse en un temps raisonnable car borné par une puissance du nombre de chiffres. Leur méthode est fondée sur le critère connu suivant : n est premier si et seulement si tous les coefficients du polynôme $(x + 1)^n - x^n - 1$ sont divisibles par n. Ces coefficients constituent ce qu'on appelle

1
1 1
1 2 1
1 3 3 1
1 4 6 4 1
1 5 10 10 5 1
1 6 15 20 15 6 1
1 7 21 35 35 21 7 1
1 8 28 56 70 56 28 8 1

Le triangle de Pascal, construit ligne à ligne en descendant, en ajoutant les deux nombres situés directement au-dessus dans la ligne précédente.

le triangle de Pascal, qui est construit ligne à ligne en ajoutant les proches voisins de la ligne précédente. Mais, laisse-moi rebondir sur ton image de nombres composés, car elle me rappelle une analogie naïve entre nombres premiers et particules élémentaires. On sait depuis le temps d'Euclide que tout nombre entier se décompose de manière unique en un produit de puissances de nombres premiers. Donner sa décomposition s'apparente ainsi à donner la décomposition d'une molécule en atomes, ou d'un atome en particules élémentaires. L'ordre dans lequel on donne les composants est sans importance. Or le problème consistant à trouver la décomposition d'un nombre en facteurs premiers en un temps polynomial, c'est-à-dire borné par une puissance du nombre de chiffres, n'est aujourd'hui pas résolu.

– On y arriverait si l'on disposait d'un ordinateur quantique ! intervient Ali.

– Oui, il existe un algorithme théorique, trouvé par Peter Shor, qui, si l'on disposait d'un ordinateur quantique, donnerait la factorisation en temps polynomial. La méthode qu'il utilise est une technique de mécanique quantique pour déterminer le spectre d'un opérateur. La clé de cette méthode, c'est la superposition des états. Elle permet, en gros, de construire un état qui, quand on le mesure, va donner les premiers termes du développement en base 2 de la valeur propre, avec une probabilité supérieure à 40 %. En répétant la mesure, on arrive à déterminer le spectre avec une confiance aussi grande que nécessaire, mais toujours de manière approximative. On exploite ainsi le fameux aléa du quantique. Cela suffit pour la factorisation des nombres.

– Mais moi, quand je suis à proximité de Florimond, je les vois les spectres ! dit Charlotte qui écoutait attentivement.

Ainsi, réalise-t-elle, je pensais avoir été maligne en soufflant à Florimond, pendant le test d'Ali, de chercher les facteurs premiers parmi les nombres de Lucas. En réalité, je me suis fait exploiter par ce Florimond ! Il a sans doute utilisé la connexion avec mon cerveau pour y construire cette superposition, cet état quantique riche de tous ses composants, afin de factoriser le nombre donné par Ali !

Un son bref signale à Armand qu'il vient de recevoir un courriel. Très bonne surprise : c'est la réponse de

Rodrigo. Il explique qu'il va mieux et qu'il a repris ses activités à l'observatoire. Il est navré d'avoir manqué le passage d'Armand, et ce d'autant plus qu'il a deviné l'ostracisme dont le visiteur a fait l'objet. Il s'étonne, en passant, de l'adresse californienne d'Armand.

CHAPITRE 32

Téléporter un secret

Als Einstein	*Lorsque Einstein*
im Himmel angelangt	*arrivé au ciel*
sah	*s'aperçut*
das Gott würfelte	*que Dieu jouait aux dés*
drehte er sich um	*il se retourna*
und sagte	*et demanda*
Wo gehts hier zur Hölle	*le chemin pour l'enfer*

Alfred BRENDEL,
Une aile blanche et l'autre noire,
Christian Bourgois Éditeur, 2005.

Les trois chercheurs, au travail depuis deux semaines seulement, ont déjà adopté quelques routines. Elles concernent les heures d'expérimentation pour Charlotte et Ali, de calculs et de méditation pour Armand. Elles concernent aussi les séances collectives de *brainstorming*. Afin d'éviter le surmenage intellectuel, une période de détente est prévue après le *lunch*. Le plus souvent, ils prennent la Chevrolet et vont au centre commercial situé à 6 ou 7 miles. Ils y achètent des pâtisseries discutables, de très bons vins californiens, etc. Charlotte, Armand et Ali se relayaient au volant les premiers jours, mais Ali a vite été éliminé en tant que chauffeur : il ne cessait de se tourner vers ses collègues pour raconter des histoires.

Le lendemain du décodage du spectre par Charlotte, la voiture, qu'elle conduit, s'engage dans l'allée ombragée qui va du manoir jusqu'à la sortie du domaine. À la porte extérieure de celui-ci, un incident inhabituel se produit. Un militaire armé, qu'ils n'ont jamais vu, barre le passage et se penche vers la conductrice :

– Désolé, madame, mais il est interdit de quitter le domaine.

– Il doit y avoir un malentendu. On vous a certainement expliqué que le domaine abrite un laboratoire. Nous sommes les trois chercheurs qui y travaillent, et nous pouvons nous promener, à pied ou en voiture, tous les jours, à notre convenance.

– Encore une fois, je suis désolé mais j'ai des ordres stricts.

– Connaissez-vous M. Woodsborough ?

– Justement, je l'aperçois derrière vous.

Ils se retournent tous les trois. En effet, leur sponsor, à une centaine de mètres, converse avec deux hommes porteurs de mitraillettes. Ceux-ci quittent bientôt Woodsborough en le saluant respectueusement.

La voiture fait demi-tour et s'arrête pile au niveau du milliardaire. Celui-ci arbore un sourire un peu gêné. Il arrête d'un geste la protestation de Charlotte.

– Attendez ! Attendez ! Vous l'avez compris, un ordinateur quantique, quand il existera, sera un outil d'une puissance redoutable, dans le domaine industriel certes, mais aussi dans le domaine militaire. J'ai des contacts, non officiels bien sûr, avec le Pentagone, et…

Ali, qui rongeait son frein, l'interrompt :

– Le problème immédiat, c'est que nous voulons sortir pour des courses inoffensives, et qu'on nous l'interdit.

– L'enjeu est trop important. J'ai décidé qu'à l'avenir vous resteriez dans le domaine jusqu'à la conclusion de vos travaux. J'en suis navré… Toutefois, soyez tranquilles : on vous fournira instantanément tout le matériel que vous désirez… tout ce que vous voudrez.

Les trois chercheurs sont déconcertés. Charlotte s'apprête à démarrer, mais Woodsborough fait signe qu'il a encore une information à leur communiquer.

– Je fais entièrement confiance à votre discrétion. Toutefois, l'enjeu étant, comme je l'ai dit, colossal, mes techniciens surveillent toutes les communications possibles avec l'extérieur, y compris évidemment par Internet. Croyez bien…

Furieuse, Charlotte démarre dans un nuage de poussière et fonce jusqu'au manoir. Puis, elle se dirige avec Armand vers le hall, mais Ali, d'un signe, les entraîne au jardin.

– Notre milliardaire, dit Armand, se révèle plus coriace que je ne le pensais.

– Et nous voilà prisonniers, se lamente Charlotte.

– Nous allons faire appel à l'opinion, dit Armand.

Ali le regarde avec pitié, et Armand comprend aussitôt que cet appel sera censuré.

– Nous sommes en effet confinés, reprend Ali, et étroitement surveillés. C'est pourquoi j'ai tenu à vous parler en tête-à-tête dans le jardin. Nous allons faire, dès ce soir, une inspection soigneuse et discrète de toutes les pièces du castel. Je suis persuadé qu'elles sont truffées de micros, mais je dispose du matériel permettant de détecter micros et caméras. Nous les laisserons en place et les utiliserons pour désinformer Woodsborough.

Leur promenade les a conduits jusqu'à la limite du domaine. Ils peuvent vérifier ce à quoi ils s'attendaient : le pourtour est surveillé par des gardes armés accompagnés de chiens. Ils sont bel et bien prisonniers !

À leur grande surprise, la fouille ne révèle ni micros ni caméras. Mais Ali décide de mettre au point un système de brouillage destiné à neutraliser toute tentative d'espionnage.

La dernière pièce fouillée est le laboratoire. Naturellement, l'ordinateur se met à ronronner à l'entrée de Charlotte. Celle-ci s'arrête, frappée par une idée. La même idée s'impose en même temps aux deux autres : avec ses pouvoirs hors normes, Charlotte peut probablement forcer le blocus des communications. Et d'ici là, il ne faut absolument pas divulguer la découverte de Charlotte sur le spectre, donc mieux vaut patienter avant d'interroger Rodrigo !

En attendant, il faut donner l'illusion qu'ils sont prêts à coopérer. Ils reprennent donc leur travail. Une nouvelle routine s'installe. Woodsborough ne peut deviner, même s'il les observe, leurs vraies motivations. Il peut seulement remarquer que Charlotte travaille en permanence au voisinage de l'ordinateur.

En fait, elle élabore une stratégie de communication avec Rodrigo fondée sur les propriétés de l'intrication quantique. Elle se souvient de sa conversation avec Bertram Young, qui lui avait expliqué, l'année précédente, le fameux paradoxe « EPR », d'Einstein, Podolsky et Rosen. Ce paradoxe, sur lequel Alain Aspect s'est illustré par de remarquables confirmations expérimentales, semble contredire le principe d'incertitude de Heisenberg, en permettant de déterminer à la fois la position et la vitesse d'une particule (plus précisément, son moment, qui est le produit de sa vitesse par sa masse). L'idée est de créer deux particules ayant des vitesses exactement opposées, de manière à avoir un mode opératoire permettant de déterminer, par symétrie, à la fois leur position et leur moment, ce qui est interdit par le principe d'incertitude. La seule parade possible permettant de sauvegarder ce principe serait l'existence d'une action instantanée, qu'Einstein appelait *spooky action at a distance*, qui modifierait les propriétés de la seconde particule quand une mesure est effectuée sur la première. Mais cela serait en contradiction apparente avec le principe fondamental de la relativité interdisant toute communication plus rapide que la lumière. Or, depuis l'article d'Einstein, Podolsky et Rosen, les physiciens ont réussi à tester la réalité et à montrer qu'elle obéit effectivement à la mécanique quantique : c'est bien cette « action foireuse à distance » qui se produit. Le formalisme théorique, qui considère le couple de particules comme un seul système quantique, interdit de parler de chacune d'elles isolément, et les expériences ont montré que la *spooky action at a distance* va au moins dix mille fois plus vite que la lumière ! Cependant, telle quelle, cette action ne permet pas de transmettre de l'information, et donc ne contredit pas le principe fondamental de la relativité, à la condition essentielle que l'on insiste bien sur la formulation de ce principe en termes de transmission d'information. De plus, les as de l'optique quantique ont montré comment exploiter cette action pour protéger la communication entre deux emplacements distants de plusieurs centaines de kilomètres. Comme on ne peut contredire le principe fondamental de la relativité, il faut tout de même un minimum de communication, mais cela permet de télé-porter un état quantique en étant absolument certain que l'information transmise n'a pas été violée par un regard indiscret. L'état téléporté reste strictement invisible pour tout observateur autre que celui qui reçoit les photons intriqués, et cela assure une parfaite confidentialité. Mettre au point ce type de communication avec Rodrigo n'est pas une mince affaire, car on doit utiliser des paires de photons intriqués envoyés aux deux endroits grâce à un satellite. Toutefois, Charlotte est au courant des systèmes récemment découverts et a donc entrepris d'élaborer le logiciel de codage. Il lui faut, à vrai dire, rédiger un programme comportant près d'un million d'instructions, une sorte d'antenne virtuelle. Mais c'est presque un jeu d'enfant pour ses nouvelles capacités intellectuelles !

Un soir, elle annonce :

– J'ai terminé, cela devrait marcher. Bien entendu, la partie de la communication qui n'est pas secrète se fera par courriel. J'espère que Rodrigo comprendra le stratagème…

Ali intervient :

– Il faudrait qu'il demande l'utilisation d'un satellite géostationnaire pour l'émission de photons intriqués : vers nous d'une part, et vers l'observatoire de l'Alma d'autre part.

– Je vais lui écrire, dit Armand. On devrait être capable de lui faire comprendre cela, tout en évitant de mentionner notre découverte sur le spectre, dans les messages anodins que nous envoyons par courriel. Je le connais bien, je suis sûr qu'il comprendra le sens caché de nos messages !

Durant cette période, Armand, profondément troublé par cette notion de *spooky action at a distance*, essaie de la réconcilier avec ses réflexions sur l'origine du temps issu de l'aléa du quantique. Il finit par engager la discussion avec Charlotte :

– Je t'avoue que je reste sur ma faim en ce qui concerne l'intrication quantique. Même si elle ne permet pas de transmettre d'information plus vite que la lumière, cette notion de *spooky action at a distance* me rend perplexe. Elle laisse penser que quelque chose se produit quand on effectue une mesure d'un côté, mais comme les points concernés de l'espace-temps sont causalement indépendants, il est impossible de dire qu'il y a un ordre temporel entre cette mesure et l'effet qu'elle produit de l'autre côté.

– Oui, c'est la non-localité des phénomènes quantiques, c'est comme ça que je comprends cette situation.

– Je ne mets pas en cause le formalisme quantique, bien au contraire. Mais, de mon point de vue, ce que démontre l'intrication quantique, ce n'est pas l'existence d'une action allant plus vite que la lumière, c'est simplement *la cohérence cachée de l'aléa du quantique.* Celui qui préside à la « réduction du paquet d'ondes » ; celui qui, alors que la mécanique quantique ne donne qu'une information probabiliste, donne un vrai résultat quand on fait une expérience. Cet aléa ne se produit pas de manière totalement indépendante, mais respecte les règles du formalisme quantique. Il est ainsi automatiquement synchronisé, sans qu'il y ait pour autant d'intervention à distance plus rapide que la lumière. Perçu au premier degré, il semble totalement aléatoire, mais il s'agit là d'une apparence qui cache une synchronisation, dont seul rend compte le formalisme quantique. Tout serait plus clair si l'on arrivait à formuler les interventions de la « réduction du paquet d'ondes » sans avoir à les inscrire dans le temps, en évitant le piège de vouloir toujours tout écrire en fonction du temps… Mais cela reste à faire…

CHAPITRE 33

Les révélations de Rodrigo

Peu après la mise au point des communications confidentielles, ils posent à Rodrigo leurs deux questions clefs sur le spectre dont ils donnent le numéro de code. Où se situe la source astronomique de ce spectre ? Si la source est toujours observable, le spectre pourrait-il être complété, au moins vers l'infrarouge ?

La réponse aux deux questions leur parvient quelques jours plus tard : un courriel anodin de Rodrigo donne à Charlotte les détails des observations à effectuer sur les photons en provenance du satellite pour obtenir l'état téléporté. En utilisant le programme qu'elle a mis au point, elle obtient le message. Il s'agit d'un long texte adressé par Rodrigo à Armand. Elle le transmet à Armand, lui demandant de le lire à haute voix devant ses deux amis.

Rodrigo rappelle à Armand qu'il avait déposé, avant son accident, deux spectres insolites sur son bureau, dans un dossier adressé explicitement *à Monsieur Armand Lafforet*. Lors de son retour, il a trouvé son bureau en désordre, et le dossier avait disparu. Les questions posées par Armand concernent uniquement ce qu'il appelle le

« spectre clairsemé ». *Quid* de l'autre, qu'il appelle le « spectre comprimé » ?

À ce point, Armand est obligé d'interrompre sa lecture. Il décrit, avec un peu d'embarras, son mensonge par omission. L'observatoire a donc photographié deux spectres inexpliqués : celui déniché par Charlotte, décodé par elle ; et un autre spectre, qu'Armand va chercher dans sa chambre et qu'il exhibe avec gêne. Effectivement, ce spectre comporte une cinquantaine de raies parfois très serrées, et leur loi de répartition semble indéchiffrable.

– Tu es un drôle de cachottier, tu en as beaucoup d'autres en réserve ? s'exclame Charlotte.

Armand reprend la lecture du message.

– Les deux spectres, dit textuellement Rodrigo, proviennent de *la même* source astronomique, de nature inconnue, située dans la constellation d'Orion. Cette source les émet *alternativement*, chacun pendant cinquante-cinq secondes. Cela suggère que la source tourne sur elle-même ou autour d'un autre objet. À noter qu'une telle période n'a rien d'exceptionnel dans l'Univers.

La période n'a peut-être rien d'exceptionnel, mais l'information stupéfie encore davantage les trois Californiens. Armand continue.

– Depuis la dernière observation, la source ne s'est déplacée que d'une fraction de seconde sur la voûte céleste, semblable en cela à beaucoup d'objets astronomiques lointains. Une nouvelle observation a donc pu

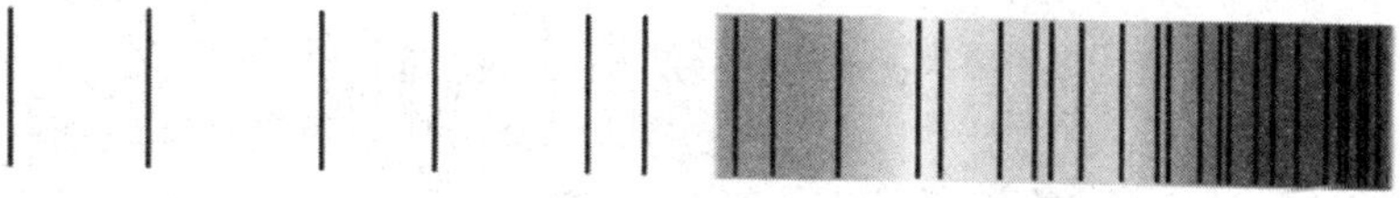

Extension du spectre clairsemé vers l'infrarouge.

être faite. Et voici le complément demandé du spectre clairsemé.

Charlotte convertit immédiatement les fréquences sur son échelle logarithmique, et obtient bien les six nombres premiers prévus. La fin du message est une demande, amicale et pressante, d'informations supplémentaires.

Armand répond par un nouveau message protégé. Il explique que le spectre clairsemé n'était pas sur le bureau (subtilisé par qui ?) et qu'il a été déniché puis décodé par Charlotte – Armand reste avare de détails concernant ces points. Il s'agit d'un *décodage* et non d'une *explication*, insiste-t-il. Quant au spectre comprimé, qu'il avait bien trouvé sur le bureau, le mystère reste entier, et il demande à Rodrigo de le compléter le plus loin possible vers l'infrarouge, qui est le domaine d'expertise de l'Alma. Quelques heures plus tard il reçoit, toujours sous forme protégée, le complément d'information qu'il demande, et les états téléportés, une fois révélés, donnent une extension considérable du spectre d'Atacama vers l'infrarouge.

Pendant la nuit, Armand est réveillé par un cauchemar. Dans ce cauchemar, après une course-poursuite avec une licorne capable de se téléporter de place en place,

Extension du spectre comprimé vers l'infrarouge (vers la droite).

il se retrouvait chez lui et cherchait, vainement, sur les rayons de sa bibliothèque, un livre de mathématiques dont il savait pertinemment qu'il devait y figurer.

Quel livre ? Le cauchemar restait vague sur ce point. Armand, pour se désembrumer l'esprit, essaie de préciser, de se souvenir de la couverture du livre… et la réponse jaillit de son subconscient. Il s'agissait d'un livre de théorie des nombres qu'il n'a pas consulté depuis longtemps. A-t-il raison d'aller le retirer de l'ombre ? Presque contre sa volonté, il se lève et cherche le livre sur Internet. Il l'enregistre sur sa tablette, et va s'asseoir pour le parcourir.

L'ouvrage, difficile, étudie principalement l'hypothèse de Riemann, une conjecture émise il y a plus de cent cinquante ans. Cette hypothèse concerne une certaine fonction, dite fonction zêta (prononcée *dzêta*), et en particulier les nombres complexes où cette fonction s'annule, les « zéros » de la fonction. Les zéros imaginaires de zêta sont censés, telle est la conjecture, avoir 1/2 pour partie réelle, et Riemann a montré par une formule que ces zéros régissent le comportement des nombres premiers. Au fil des ans, ce problème a acquis en mathématiques un statut très particulier, celui de Graal protégé par des montagnes de scepticisme. Comme l'hypothèse reste non démontrée, on a calculé numériquement des millions de ces zéros : ils vérifient tous la conjecture.

Le texte qu'Armand a sous les yeux fourmille d'informations chiffrées, de courbes, de tableaux, de diagrammes figurant des listes partielles de ces fameux zéros. Et, soudain, l'un de ces diagrammes… lui explose au visage !

Il évoque irrésistiblement le spectre comprimé, une fois complété par l'envoi de Rodrigo !

La gorge sèche, Armand fonce chercher ce spectre, le dispose à côté de sa tablette, et fait des comparaisons millimétriques en utilisant la possibilité d'ajuster l'échelle de l'image. La correspondance est parfaite !

Mais alors, songe Armand, sa douloureuse obsession concernant la conjecture de Riemann vient de le rattraper ! Sa fuite, son échappée, ses voyages en avion, en barque, en bateau, ses accostages, ses rencontres… Tout cela pour revenir mentalement au point de départ ! Il a frôlé le naufrage, le sol du désert a tremblé sous ses pieds, il a déliré, il s'est cassé la jambe, il a souffert, il a vu des fantômes, on le séquestre chez Léonard de Vinci. Il a gardé avec lui, précieusement, le spectre d'Atacama… qui l'a suivi partout et se révèle n'être qu'un déguisement de l'obsession principale !

Un immense découragement le saisit. Il s'allonge à terre en gémissant faiblement, essaie d'extérioriser son malaise et d'obliger celui-ci à lâcher prise.

Puis une petite musique surgit dans son esprit. Elle grandit, se précise, s'impose, devient une idée éblouissante qui balaie l'état dépressif : ce spectre, maintenant décodé, ne peut avoir pour origine que DES ÊTRES INTELLIGENTS. Ils le prouvent par un message tellement signifiant ! La petite musique s'est transformée en coups de cymbale retentissants !

Et resplendira
Le spectre d'Atacama !

CHAPITRE 34

Le secret de la licorne

Armand réveille Charlotte et Ali :

– J'ai décodé le second spectre, le spectre comprimé, et je n'en reviens pas !

– Qu'y a-t-il ? Qu'est-ce qui t'intrigue au point de nous réveiller au milieu de la nuit ?

– Voilà, ce spectre et aussi le fait qu'il soit émis en alternance avec le spectre clairsemé constituent la preuve irréfutable qu'ils proviennent d'une intelligence extra-terrestre !

– Comme tu y vas !

– J'en suis certain ! Ce qui me convainc, c'est que la relation entre ces deux spectres représente sans doute l'une des découvertes les plus frappantes des mathématiques.

– Nous ne sommes pas mathématiciens, essaie de nous expliquer !

– Chaque espace possède sa gamme, qui est donnée par la liste de ses fréquences propres, et qui, si on la complète en donnant les accords associés aux points, permet de reconstruire l'espace.

– Oui, il s'agit de la musique des formes, ta marotte ! dit Charlotte.

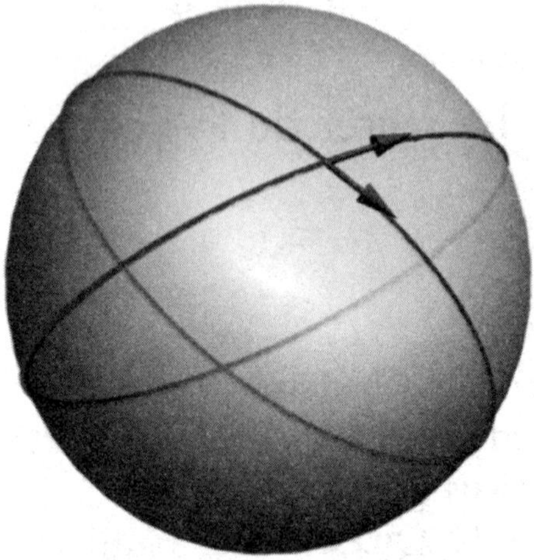

Les géodésiques sur la sphère sont les grands cercles.

– Eh bien, il y a une autre liste naturelle associée à un espace, qui n'est plus une liste de fréquences mais une liste de longueurs, ou de manière équivalente une liste de durées.

– Comment est-elle définie ?

– En certains points de l'espace, quand on envoie un rayon lumineux dans une direction particulière, ce rayon revient au point de départ, après une durée finie, dans la direction opposée à celle où on l'a envoyé. On mesure alors les périodes de ces rayons lumineux, c'est-à-dire le temps qu'ils mettent à revenir.

– Il faut que tu nous donnes un exemple.

– Imaginons d'abord que notre espace soit une sphère à deux dimensions. Dans ce cas, quand nous envoyons

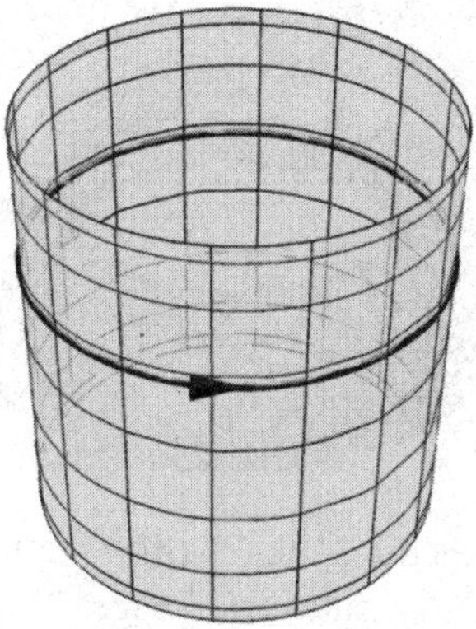

Le cylindre obtenu en enroulant le plan euclidien dans une direction.

un rayon lumineux dans n'importe quelle direction, il revient à son point de départ, dans la direction opposée, avec une périodicité qui est proportionnelle à la taille de la sphère. Ainsi, les périodes sont les multiples de la taille de la sphère, alors que la gamme de la sphère est donnée par des fréquences qui sont proportionnelles à l'*inverse* de la taille de la sphère. Les carrés de ces fréquences sont les produits de deux entiers consécutifs, et elles sont répétées autant de fois que la somme de ces deux entiers.

– Plus la sphère est grande, plus le son est grave, mais plus la période est longue, exact ?

– Oui. Des exemples très intéressants sont donnés par les tores. Si notre espace était un tore à deux dimensions, il aurait la même géométrie plane que

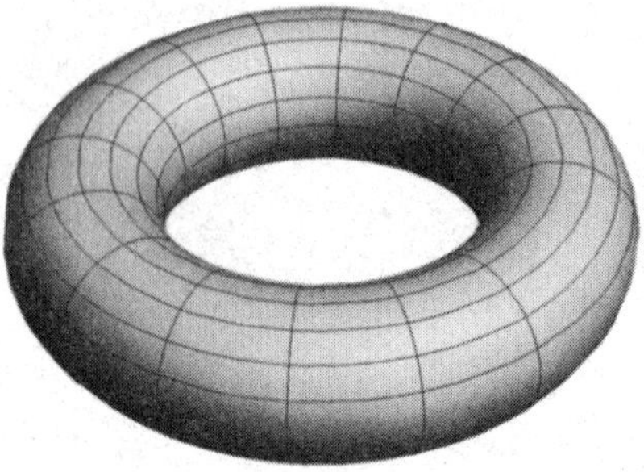

Le tore, sa géométrie plate (courbure nulle) est déformée dans cette image.

l'espace Euclidien qui nous est familier, pourvu que l'on ne se déplace pas trop loin. Quand on reste dans un périmètre limité, on est dans un espace plat, comme le plan. Mais il est enroulé dans deux directions différentes. En l'enroulant dans une direction seulement, on obtient un cylindre, et l'on voit bien que si l'on se déplace sur le cylindre dans la direction dans laquelle il est enroulé, on revient au point de départ.

C'est précisément ce qui arrive aux rayons lumineux. Mais le cylindre reste encore ici un espace infini, et, pour le rendre fini, on l'enroule dans une autre direction. On ne peut pas dessiner l'espace obtenu sans déformer sa géométrie, mais cela n'empêche pas de comprendre que si l'on se déplace dans l'une ou l'autre des directions d'enroulement, on revient au point de départ. Il est aussi possible de les combiner : au lieu de suivre une direction d'enroulement puis l'autre, on suit alors la diagonale, et on s'aperçoit que, quand on envoie un signal lumineux dans ces directions, il revient dans la direction opposée, de manière périodique. De plus, la période ne dépend pas du point choisi comme point de départ, mais seulement de la direction : c'est une période de l'espace. On obtient ainsi un ensemble de périodes possibles, en faisant simplement varier la direction.

– C'est un ensemble de temps ou de longueurs de plus en plus grands, qui se déploient donc vers l'infrarouge, remarque Ali.

– Oui, alors que la gamme du tore est un ensemble de fréquences qui se déploie vers l'ultraviolet…

– Mais quel rapport y a-t-il entre ces deux ensembles ?

– Dans l'exemple des tores, ces deux ensembles se déduisent l'un de l'autre par ce que l'on appelle une « dualité », qui était déjà connue au XIXe siècle grâce à la formule de Poisson, un mathématicien-physicien français. Cette dualité peut même se voir de manière géométrique, car un tore admet un « tore dual », un tore réciproque, dont la gamme de fréquences est l'ensemble des périodes du tore de départ : ils échangent en fait fréquences contre périodes ! Quand on agrandit le tore de départ dans une direction, le tore réciproque se rétrécit dans une direction correspondante.

– Oui, mais quel est le lien avec nos spectres alors ? demande Charlotte.

– Le lien : Riemann, vers le milieu du XIXe siècle, a démontré une formule de dualité analogue entre le spectre

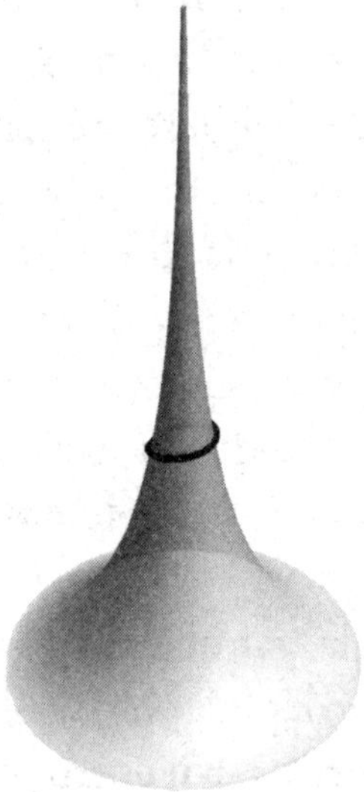

La pseudo-sphère, surface de courbure constante égale à –1.

clairsemé, celui des nombres premiers, et le spectre comprimé, celui des zéros de zêta !

– Ahurissant ! Ces deux spectres sont donc en dualité ? Mais comment es-tu certain qu'ils ne puissent être émis que par des êtres intelligents ?

– Ils nous font savoir qu'ils connaissent la formule de Riemann, or la formule de Riemann est un sommet de l'intelligence humaine !

– Et sait-on quels sont les espaces en dualité, ou bien au moins l'un d'eux, dans le cas de Riemann ?

– On a beaucoup cherché dans cette direction, et un mathématicien norvégien, Atle Selberg, a trouvé, au début

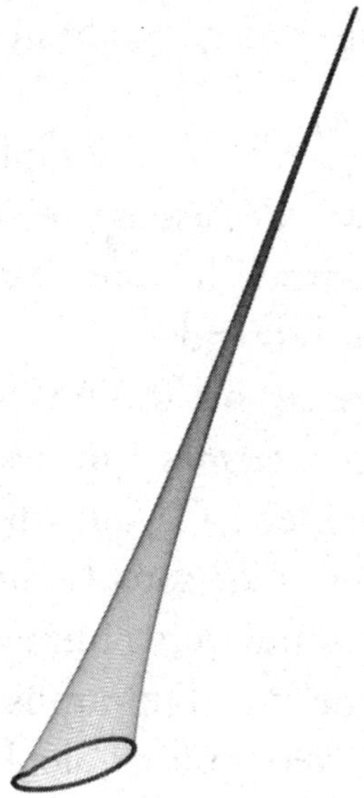

La surface de courbure négative analysée par Atle Selberg.

des années 1950, un espace qui est proche d'une solution. Il le construit comme le tore à partir du plan, sauf que son plan est celui de la géométrie non euclidienne. La musique de la forme ainsi construite contient à la fois un spectre continu, comme celui d'un violon, et un spectre discret.

Armand essaie de représenter l'espace construit par Selberg. Il dessine une « pseudosphère », c'est-à-dire une surface de courbure constante et négative.

Il explique que l'espace de Selberg est la portion de la pseudosphère située au-dessus d'une courbe particulière : on traverse le « bord » de l'espace donné par cette courbe sans dommage, en ressortant par un autre point du bord.

Mais Armand se rend compte rapidement, en faisant le dessin, que l'espace de Selberg ressemble étrangement à la corne d'une licorne ! Il reste silencieux et pensif un long moment. Puis reprend :

– Mais son espace ne donne pas la formule de Riemann. Il y a des termes qui ressemblent, mais ils n'ont pas le bon signe... Ce qui me trouble, c'est que Selberg cherchait les zéros sous la forme de fréquences, et donc un spectre infini vers l'ultraviolet. Or le spectre d'Atacama est infini vers l'infrarouge !... et le spectre clairsemé est infini vers l'ultraviolet !

– Oui, c'est sûrement un autre test de notre intelligence, remarque Ali.

– Mais je ne comprends pas encore comment tu peux être sûr que cela provient d'une intelligence extraterrestre. Et puis, si c'est effectivement le cas, que va-t-on en faire ? dit Charlotte.

– Il faut savoir que Riemann, tout en démontrant sa formule de dualité, a laissé ouverte une question fondamentale, connue comme l'« hypothèse de Riemann », et que cette question a occupé les mathématiciens depuis sa mort prématurée.

– Et quelle est cette question fondamentale alors ?

– En termes du spectre d'Atacama, elle consiste à savoir si les raies spectrales sont toutes infiniment fines, ou bien s'il pourrait y avoir, quelque part dans le spectre, ce que l'on appelle une « résonance », comme une tache, ce qui donnerait un aspect diffus à la portion du spectre dans laquelle elle se trouverait.

– Et pourquoi est-ce si important ?

– Eh bien, s'il y avait une telle anomalie, un « zéro » qui sort du rang, cela créerait le chaos parmi les nombres premiers. Toute l'harmonie des nombres en serait chamboulée ! Ce serait la triste fin d'un rêve de cohérence... Une manifestation du mal.

– Tu exagères, et pourquoi pas du diable tant que tu y es !

– Pourquoi pas ? On en serait là !

Charlotte et Ali, prenant peu à peu conscience de l'énormité de l'événement, se renvoient la balle :

– Ces extraterrestres sont probablement plus avancés que nous. L'impact scientifique serait énorme. L'impact dans tous les domaines d'ailleurs.

– Nous ne sommes donc pas seuls dans l'Univers ! Enfin la réponse à l'une des plus vieilles interrogations de l'humanité. Voilà peut-être la plus grande nouvelle scientifique du siècle !

– Tu veux dire la plus grande nouvelle de l'histoire humaine tout entière ! Je le répète : ils sont au moins aussi avancés que nous !

– Pourquoi dis-tu : « Ils sont » ? Pourquoi pas : « Il est » ?

– En fait, ce « il » pourrait même être une machine, pourquoi pas ?

– Pour le savoir, dit Ali, je vais concocter un sacré test de Turing « de quatrième génération », et il faudra que vous m'aidiez, Armand et Charlotte.

– Tout cela est bien beau, mais il faut que nous établissions un contact *pacifique*. Attention !

C'est la frénésie. Après quelques coupes de champagne français, Charlotte se lève, esquisse un pas de danse, et improvise en chantonnant :

J'embrasserai les visiteuses
Voyageant depuis Bételgeuse
J'accueillerai la légion
En provenance d'Orion
S'ils viennent d'autres galaxies,
Nous parlerons de biologie.
Avec ceux venant du Verseau
Nous danserons un boléro.
Avec ceux des zones mythiques
Nous ferons des mathématiques.

CHAPITRE 35

Le diable est dans la machine

« Spectre, fantôme ou diable je veux voir ce que c'est. »

MOLIÈRE, *Dom Juan*, acte V, scène 5.

Au matin Charlotte demande :

– Que faut-il faire maintenant ? Une telle nouvelle doit être vérifiée et revérifiée.

– Le spectre comprimé, répond Armand, ne correspond qu'à une partie des zéros connus de zêta. Il faudrait le compléter, au moins vers l'ultraviolet, pour s'assurer qu'il n'y apparaît qu'un nombre fini de raies et que la correspondance se confirme. Or cela nécessite un outillage que l'observatoire de San Pedro ne possède pas, car il est spécialisé dans les ondes radio et l'infrarouge mais pas équipé pour la réception dans le domaine ultraviolet.

Dès le lendemain, donc, Armand demande (toujours secrètement) à Rodrigo de prendre contact avec la NASA. Le télescope Hubble pourrait-il être pointé vers la source, de manière à compléter les deux spectres aussi loin que possible ? Il prévoit qu'on trouvera quarante-six

Spectre comprimé complété
vers l'ultraviolet par quarante-six raies supplémentaires.

raies supplémentaires dans l'ultraviolet, pour le spectre d'Atacama, et rien dans les longueurs d'onde des rayons X et au-delà. Réponse de Rodrigo : il faudra être patient.

S'ensuit une période de plusieurs semaines consacrées surtout à des résistances administratives et à des bagarres hiérarchiques.

Mais enfin la confirmation arrive, téléportée, éclatante ! Les quarante-six raies supplémentaires dans l'ultraviolet sont bien là et la coïncidence numérique avec les zéros de zêta est indubitable !

La source, qui émet alternativement le spectre des nombres premiers et le spectre des zéros, est localisée avec précision grâce aux observations de la NASA en ultraviolet et d'Alma en infrarouge. Elle s'est considérablement rapprochée du soleil depuis les premières observations de Rodrigo et se trouve aux confins du système solaire, dans la zone inconnue située entre deux nuages d'astéroïdes, la ceinture de Kuiper et la ceinture d'Oort. On peut envisager d'envoyer un faisceau laser vers ce point précis de l'univers. En effet, un faisceau laser est suffisamment directionnel pour que la déperdition de son énergie le rende encore visible à une très grande distance. Un tel faisceau, nécessairement monochromatique, ne peut pas transmettre un spectre. Ainsi, pour essayer d'établir la communication, il est nécessaire de reproduire le spectre en l'étalant dans le temps, à la place de son étalement naturel en longueurs d'onde.

Les trois chercheurs décident donc de transformer le spectre d'Atacama en un rythme, et de transmettre ce rythme sous forme d'impulsions envoyées à des instants précis grâce à un faisceau laser dirigé vers la source. Les moyens matériels dont ils disposent chez Woodsborough ne leur permettent pas de réaliser leur projet dans l'immédiat. En attendant de pouvoir contourner cet obstacle, ils décident de mettre au point un message qui, s'il atteint sa cible et provoque la réponse adéquate, leur donne une assurance supplémentaire qu'ils sont bien en présence d'une intelligence extraterrestre et non d'un phénomène physique naturel.

Armand, après une longue réflexion, propose :

– On va d'abord transmettre une bonne partie des zéros de la fonction zêta sous forme rythmique, c'est-à-dire en envoyant une impulsion laser chaque fois que l'instant t correspond à l'un des zéros, puis on change de registre et on envoie, toujours sous forme de rythme, les zéros d'autres fonctions zêta.

– Pourrais-tu nous la présenter cette fonction zêta dont tu nous rebats les oreilles, dit Charlotte, et cette hypothèse de Riemann que tu révères à genoux ?

– Je la révère notamment parce que, depuis cent cinquante ans, les mathématiciens s'évertuent, sans succès, à la démontrer. Je n'ai pas envie de vous submerger d'énoncés techniques, mais seulement de vous raconter une histoire. Un conte, si vous préférez.

– Vas-y, on t'écoute !

– C'est l'histoire d'un mathématicien qui a consacré vainement des années de sa vie à essayer de résoudre l'hypothèse de Riemann. Conscient de ses limites, du peu de temps qui lui reste, il envisage de vendre son âme au diable. Signer un pacte avec le diable, céder à la tentation, acheter ses rêves au prix de son âme, il n'était pas le premier à oser cet acte à la fortune diverse si l'on en juge par les listes de condamnés qui surchargent les rayons de la bibliothèque vaticane depuis des siècles. La section « pacsés avec Satan » déborde et le responsable de l'immense salle voûtée rend grâce tous les matins aux inventeurs du disque dur. Désormais on engrange tout sans même tenir compte des différents niveaux de diablerie. Il y a de la place pour le champion irrécusable comme pour le débutant entravé de scrupules. Le classement se fait tout seul, par miracle en quelque sorte.

– Il veut se refaire une santé, remettre à neuf ses capacités intellectuelles pour continuer à chercher, ou bien obtenir une sorte de réponse à la question devenue le tourment de sa vie ? demande Charlotte.

– Il faut savoir, répond Armand, que la recherche d'une solution à ce problème a été, depuis sa formulation, une extraordinaire source de nouveaux concepts, de nouvelles idées, sans que l'on puisse, pour autant, mesurer le chemin qui reste à parcourir. C'est cette frustration qui finit par avoir raison de la résistance du mathématicien.

– On a quand même fait de sacrés progrès en informatique, dit Ali, pourquoi donner sa langue au chat dans ces conditions ?

– S'il envisage de vendre son âme au diable, c'est qu'il le fréquente depuis un certain temps, dit Armand.

– Comment s'y prend-il ? demande Charlotte. Fréquente-t-il les sorcières ? A-t-il commis les trois péchés capitaux les plus graves à savoir l'envie, la colère et l'orgueil ou les trois à la fois ?

– Penses-tu, un mathématicien qui signe toutes les pétitions en faveur des droits de l'homme ! dit Ali.

Armand reprend :

– En fait, sa fréquentation ne date pas d'hier. Il sait depuis toujours que le diable est dans les détails. Que celui-ci est à ses côtés quand il pratique les calculs algébriques truffés de détails subtils. Le matheux a l'habitude de s'enfoncer dans la recherche de détails de cette nature quand il est aux prises avec le démon de l'algèbre. Bien qu'il le sente proche il n'a jamais réussi à LE voir en personne.

– À sa place j'aurais fréquenté les casinos, les tripots, là où on joue gros, les flambeurs ! dit Ali.

– Non et non, vous êtes bien loin de la solution que la synchronicité a mise sur le chemin de l'homme de science ! Il ne sortait plus de chez lui mais, un jour, il se laisse tenter par un séminaire où doit intervenir un spécialiste reconnu de l'intelligence artificielle. S'y trouve la foule des grands événements. Le conférencier expose ses dernières trouvailles et le mécanisme qui est derrière le *deep learning*. Choc ! ! Au milieu des formules du conférencier, bien qu'il ne les ait jamais vues, le chercheur reconnaît tout de suite ses propres calculs et y détecte la « main du diable » ; il la voit comme une évidence derrière ce procédé qui a permis à une machine de surclasser les plus grands maîtres du jeu de go. La machine apprend à jouer en jouant, en améliorant ses performances petit à petit, mais personne ne « comprend » pourquoi elle gagne, c'est diabolique !

– Oui, dit Ali, voilà ce qui frappe : la fiabilité de ces machines n'est validée que de manière empirique et absolument pas, jusqu'à présent, de manière théorique.

– La spécificité du *deep learning*, dit Armand, est de produire des systèmes non explicables (ça, c'est grave !), mais qui, avec la puissance de calcul des ordinateurs actuels, sont devenus plus performants que l'intuition humaine pour des tâches comme la reconnaissance des visages, la pratique des échecs, du jeu de go, etc., sans pour autant que ces performances débouchent sur une théorie rationnelle qui permette de construire un système « explicable » aussi efficace.

– Sans que l'on comprenne pourquoi ça marche ? C'est très frustrant ! dit Charlotte.

– Oui, répond Armand, le *deep learning* en arrive à rivaliser avec l'intuition humaine dans ces domaines qui lui paraissaient réservés, c'est cet aspect diabolique qui a frappé le mathématicien… Donc, s'il s'incline, s'il renonce à comprendre, il ouvre la porte de l'empire du diable. Renoncer à comprendre, à fournir une explication rationnelle, c'est vendre son âme.

– Continue ! dit Charlotte

– Ayant reconnu ainsi la « main du diable », l'homme de science se laisse guider docilement. De fil en aiguille, il se retrouve un soir, à minuit, dans une zone mal famée de Naples où les poubelles non vidées patientent depuis un mois. Au douzième coup de minuit apparaît un individu qui lui tend une liasse de papiers en lui disant : « *Inutile de vous présenter, je sais tout sur vous.* »

» Le mathématicien, aussi pressé que le diable, paraphe et signe. Alors le diable :

» – *Vous venez de signer, j'ai votre âme, bienvenue au club ! Formulez votre souhait, j'ai peu de temps.*

» Le chercheur s'entend bredouiller :

» – *Je souhaite que l'hypothèse de Riemann soit fausse…*

» Le diable répond, flegmatique :

» – *Qu'est-ce que cette hypothèse de Riemann ? Je n'en ai jamais entendu parler. Dites-m'en plus, que je me fasse une idée.*

» Notre mathématicien explique alors :

» – *On considère la somme des inverses des entiers élevés à la puissance s, puis on fait le prolongement analytique de la fonction de s ainsi obtenue.* (Là, Satan écarquille les yeux.) *Puis on demande si tous les zéros non réels de cette fonction sont de partie réelle 1/2.*

» Le diable réfléchit un peu et dit :

» – *Je vois, je vois, cher monsieur. Oui, j'entrevois quelques difficultés. Il me faudra environ un mois pour exaucer votre souhait. Vous vous doutez bien que j'ai un travail fou. Vous n'êtes pas le seul à réclamer l'impossible. Rendez-vous ici même dans trente jours à minuit, sans clair de lune, j'en fais mon affaire !*

» Le mathématicien rentre chez lui. Il peut difficilement trouver le sommeil, ricanant de sa propre perversité après avoir compris, trop tard, à quoi servait une âme. Poussé par une curiosité malsaine, il revient au bout de trente jours. Cette banlieue de Naples lui semble familière. D'une lointaine église, il entend sonner les douze coups de minuit. Rien. En se remémorant la fin du *Joueur généreux* il éclate de rire en répétant : « Mon Dieu ! Seigneur, mon Dieu ! faites que le diable me tienne sa parole ! »

– Belle chute, dit Charlotte.

– Minuit trente, personne. La rue reste déserte et hostile. Une heure, personne, il entend une bagarre dans les environs mais il ne bouge pas, vérifie de nouveau qu'il se trouve à l'endroit précis du rendez-vous.

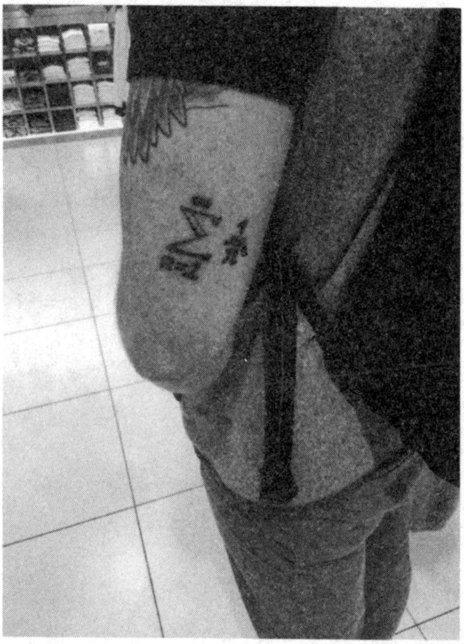

Bras tatoué photographié dans la rue à New York

2 heures. Personne. À 2 h 15, il L'aperçoit encore plus louche, échevelé, qui court vers lui. Il porte un jean taché et un débardeur laissant apparaître un singulier tatouage au bras gauche.

» – *Hélas je n'ai pas pu exaucer votre vœu, malgré des calculs démoniaques et l'utilisation de ma meilleure machine. Mais je ne désespère pas et la laisse tourner. Je vous contacterai si ça converge… En attendant, je vous rends votre engagement et ce qui va avec.*

CHAPITRE 36

Motifs rythmiques

Après cette parenthèse, Armand explique que devant la difficulté du problème RH, les chercheurs ont utilisé une stratégie centrale en mathématiques. La stratégie consiste en ce qui suit. Premièrement : généraliser le problème. Deuxièmement : le résoudre dans des cas particuliers plus simples. Troisièmement : conceptualiser la démonstration et raisonner par analogie pour résoudre le problème général, donc notamment le problème de départ. La conceptualisation et le raisonnement par analogie jouent un rôle essentiel en maths. En fait il s'agit là d'une capacité du cerveau humain qui reste pour le moment inaccessible à l'ordinateur. En ce qui concerne RH, cela a conduit André Weil à démontrer que l'analogue de l'hypothèse de Riemann est vrai pour les courbes sur un corps fini.

Ali et Charlotte demandent à Armand où il veut en venir et en quoi cela peut résoudre leur problème de communication avec cette intelligence extraterrestre.

– Il y a, répond Armand, une très grande variété de courbes sur les corps finis.

– Un corps fini comme les entiers modulo un nombre premier ? interrompt Charlotte.

– Oui. Chaque courbe sur un tel corps va produire, grâce à sa fonction zêta, une musique rythmique particulière, qui en outre a la propriété d'être périodique, c'est-à-dire de se répéter indéfiniment.

– Comme ta rengaine de zêta !

– Ainsi l'on peut transmettre toute l'information contenue dans les zéros de leur fonction zêta de manière complète en un temps fini en utilisant des rythmes à la Messiaen !

– Qu'entends-tu par là ?

– Ce sont des rythmes que Messiaen appelle « non rétrogradables » ou « palindromiques ». Ici cela reflète la symétrie due à l'équation fonctionnelle ! Je vous cite le texte de Messiaen qui est très éclairant :

> Admettons l'irréversibilité du temps. Et parlons de la *symétrie*. En musique, comme dans les arts plastiques, comme dans les arts décoratifs, comme dans le corps humain, la symétrie n'est pas seulement l'art du semblable, elle est aussi le miroir qui reproduit en sens inverse, elle est *rétrograde*. On a critiqué les « *rythmes non rétrogradables* » (dont je suis l'auteur et l'apôtre) en disant que l'expression même « rythme non rétrogradable » était un pléonasme et une tautologie, puisque le rythme s'écoule dans le temps irréversible et, comme le temps, ne peut jamais revenir en arrière. Je réponds : c'est une des grandeurs du musicien-rythmicien que ce pouvoir qu'il a sur le sens de ses durées ; car il peut les faire entendre successivement et même

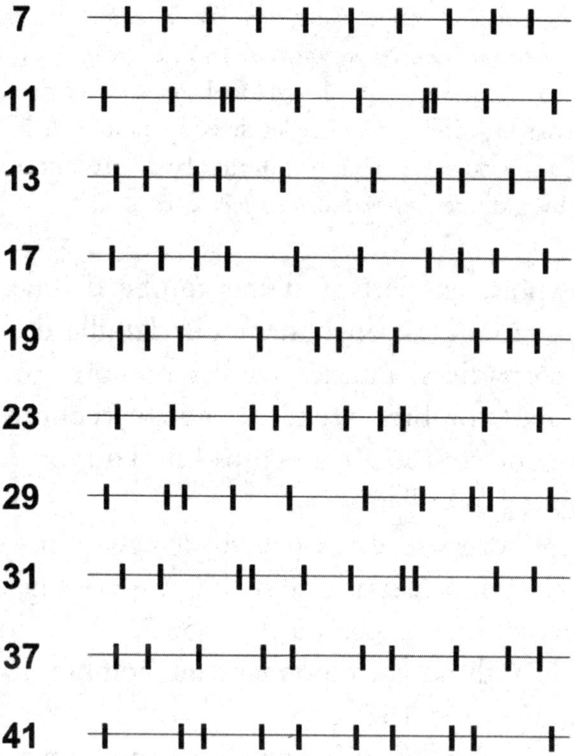

Rythmes palindromiques associés aux nombres premiers grâce à la courbe hyperelliptique $y^2 = x^{11}-4x^{10}+15x^8-40x^6+20x^5+25x^3-25$.

simultanément de gauche à droite et de droite à gauche. Bien entendu, à l'audition, la rétrogradation et le mouvement droit vont tous deux vers l'avenir, mais *la mémoire reconnaît dans la rétrogradation le texte primitif remontant vers le passé*. Quant aux « rythmes non rétrogradables » : lus de gauche à droite ou de droite à gauche ils donnent la même succession de durée, et, à supposer qu'on exécute un « rythme non rétrogradable » puis sa rétrogradation, *la mémoire nous ferait reconnaître exactement le même rythme sans changement de sens* : en réalité, on ne rétrograde pas ce qui est non rétrogradable, et la force de ce rythme réside dans la différence entre les deux opérations de la mémoire détaillées ci-dessus, opération inutile dans le second cas : car il s'agit bien d'une *impossibilité en puissance.*

» De plus, en partant d'une courbe définie sur les nombres rationnels, on obtient une famille de courbes sur les corps finis, indexée par les nombres premiers : chacun des nombres premiers (non exceptionnels) va produire une courbe sur un corps fini d'où une musique rythmique particulière.

Armand propose donc d'envoyer ces rythmes en ce qu'il appelle un « message messianique » et il suggère que, après les rythmes associés à 2, 3, 5, 7, 11, 13, etc., on omette le rythme correspondant au nombre 131, puis on continue avec 137…

– Un *signe indubitable d'intelligence* nous sera donné si en retour nous recevons la même liste complétée par le rythme associé à 131 ! Aucun doute ne sera plus permis !

– Je propose, dit Charlotte, que l'on fasse précéder chacun des rythmes associés aux nombres premiers par la simple répétition d'un bip : deux fois pour 2, trois fois pour 3, etc. Et que l'on mette au point un symbole rythmique particulier, qui exprime le questionnement, que l'on enverra juste après les cent trente et un bips qui représentent le nombre premier 131, celui où l'on pose une question. Le même symbole signifiera : question,

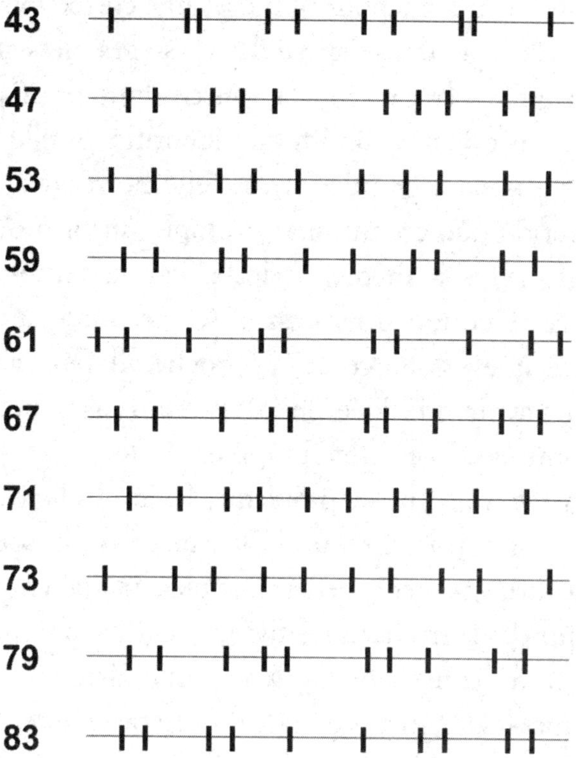

Rythmes palindromiques associés aux nombres premiers.

dans tout message futur et constituera un élément précieux pour établir la communication avec la source.

– Cette communication en langage « zêta » est, dit Armand, préférable à une utilisation directe du Lincos, ce langage fondé sur les mathématiques, élaboré par Hans Freudenthal en 1960 pour communiquer avec d'éventuels extraterrestres. Après tout leur message initial est en « zêta ».

Ali intervient alors pour proposer une correction qui lui semble nécessaire dans l'envoi des messages messianiques.

– En effet, observe-t-il, la source dont nous parlons n'est pas un objet astronomique identifié. Si elle se rapproche de nous à grande vitesse, elle ne recevra pas un signal périodique comme par exemple un bip toutes les secondes, avec la même période, car le temps nécessaire à la réception du message se raccourcit au fur et à mesure que la source se rapproche. Il faudrait donc au moins avoir une idée de la vitesse de la source pour tenir compte de cet effet Doppler.

Après réflexion sur ce problème, les trois chercheurs se rassurent en constatant que si la vitesse de la source ne varie pas brusquement, l'effet Doppler, même en prenant en compte des corrections relativistes, modifiera simplement le facteur de conversion, *a priori* arbitraire, utilisé pour transformer les longueurs d'onde du spectre en intervalles de temps. Bien entendu le seul facteur de conversion naturel, à savoir la vitesse de la lumière, donnerait des intervalles de temps beaucoup trop courts pour être utilisables comme intervalles entre des impulsions laser. Ils demandent cependant à Rodrigo de déterminer la vitesse de la source.

La réponse de Rodrigo ne se fait pas attendre. Il explique qu'il s'est déjà préoccupé de déterminer la vitesse de la source. Elle se déplace en direction du soleil, avec une vitesse constante de l'ordre de 4 800 kilomètres par seconde.

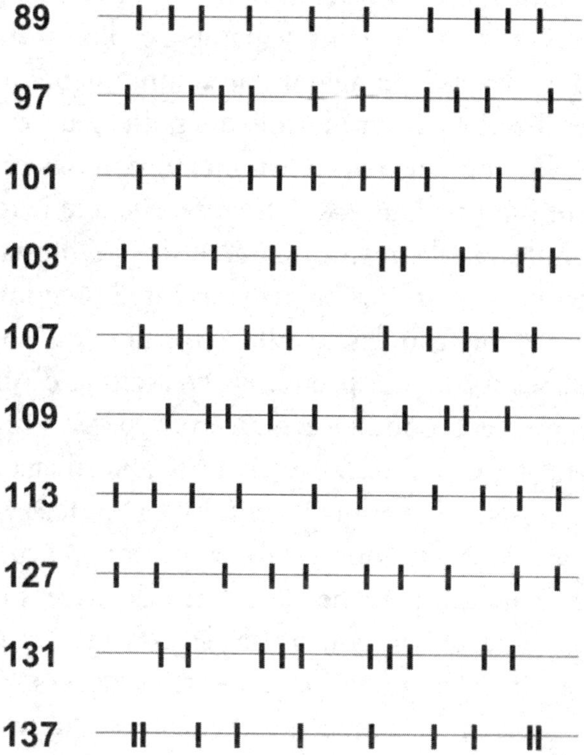

Rythmes palindromiques associés aux nombres premiers.

Pour l'envoi vers la source des impulsions laser, il suggère d'utiliser les moyens dont dispose l'observatoire de San Pedro, car sa situation en haute altitude permettra de beaucoup réduire la dispersion du faisceau laser due à l'atmosphère terrestre. Mais il faut attendre que la source, qui se situe encore à environ 30 milliards de kilomètres, ait franchi la ceinture de Kuiper avant que la communication par laser devienne vraiment réalisable. Cela prendra huit ou neuf semaines, et l'on aura alors une dizaine de jours permettant de communiquer. Quand les trois chercheurs auront mis au point leur message, il se fait fort de l'envoyer le moment venu. Il explique également qu'il ne faut pas s'attendre à ce que la réponse soit formulée de la même manière que le message car la source ne dispose probablement pas d'un moyen de renvoyer le faisceau laser. Elle enverra sans doute sa réponse sous forme de spectre. L'observatoire d'Alma est idéalement placé pour recevoir cette réponse. Ainsi est contourné l'obstacle qui arrêtait les Californiens.

Ils ne cessent de penser à l'entreprise. Leur excitation grandit de jour en jour et ils la gèrent chacun à sa manière. Armand, pour ne pas rester désœuvré, s'occupe à élaborer une illustration musicale intitulée *Écouter les motifs* de son message messianique. Charlotte est de plus en plus passionnée par cette « rencontre du troisième type ». Comment son cerveau va-t-il réagir ?

Ali, tourmenté, réveille les deux autres une nuit à 3 heures du matin.

– Nous sommes embarqués dans une sacrée histoire dont les développements peuvent avoir des conséquences considérables, le Graal ou l'Apocalypse. Nous en rendons-nous vraiment compte ? Par le simple envoi du message laser, nous courons le risque de désigner notre planète comme une cible privilégiée. Il faut envisager toutes les hypothèses. Supposons que la source ait de mauvaises intentions.

– Tu lui prêtes un cerveau humain, il faudrait déjà qu'elle possède le concept d'intentionnalité, dit Charlotte.

– Là, on s'égare, rétorque Ali.

– Et si la réponse est, disons, « bienveillante », avec ce que cela implique d'extrapolation, il y a sûrement une partie intéressante à jouer, lance l'audacieuse Charlotte.

– Passionnante, tu veux dire, insiste Armand, pas seulement pour faire plaisir à Charlotte.

– Et on aurait bien tort de ne pas essayer. Il faut foncer !

– Mais il serait déraisonnable de garder notre entreprise secrète, elle nous dépasse. Alors que fait-on ? Qui prévient-on ? dit Ali.

CHAPITRE 37

Dans le Bureau ovale

Les trois chercheurs n'ont pas à réfléchir longtemps. Le lendemain même, Ali est réveillé de bonne heure par des bruits inhabituels. En fait, il s'agit d'un vrai vacarme : motos pétaradantes, voitures freinant en catastrophe, ordres aboyés... Il s'habille rapidement, descend dans le hall où sont déjà Charlotte et Armand, venus aux nouvelles. Un homme grand et dominateur se présente

– Je suis Richard Johnson, secrétaire à la Défense. Sur ordre du président, je viens vous chercher. Vous êtes attendus tous les trois à Washington.

Son auditoire reste médusé.

– Mais pourquoi... ? bafouille Ali.

– Des informations ont filtré concernant l'objet astronomique qui se rapproche de la Terre. Il s'agit d'un événement capital. Le président doit prendre des décisions et souhaite s'appuyer sur votre expertise.

Depuis quelques instants, Woodsborough est présent sur la scène. Il intervient :

– Cette lady et ces deux gentlemen sont mes invités, et je ne saurais tolérer cet... enlèvement.

– Monsieur Woodsborough, vous êtes prié de vous taire.

En réalité, les termes employés par Johnson sont beaucoup plus crus. Maté, Woodsborough… se tait.

En fin de journée, les trois chercheurs se retrouvent dans le fameux Bureau ovale. Outre le président sont présents plusieurs secrétaires d'État (Défense, Budget, Affaires étrangères), des gradés de la NASA, etc. Le président demande à Armand un exposé détaillé de la situation.

Celui-ci, après de brèves paroles de courtoisie, entre dans le vif du sujet. Il décide de négliger complètement la chronologie des événements, et s'exprime ainsi :

– Des radiotélescopes extrêmement puissants ont été récemment installés en plein désert d'Atacama, au nord du Chili. Ils constituent l'essentiel de l'observatoire de San Pedro. Comme dans tous les observatoires du monde, les chercheurs de San Pedro photographient les spectres des objets astronomiques.

Il s'interrompt pour distribuer à ses auditeurs des copies des deux spectres. Il reprend :

– Le point le plus important de ces photographies est la présence de raies très fines que vous pouvez observer. Cette disposition de raies s'appelle un spectre. Les astronomes savent décoder les spectres et en tirent une foule d'informations concernant l'objet qui les émet. Au printemps de l'année dernière, Rodrigo Chavez, un astronome de San Pedro, a observé deux spectres émis par le même objet lointain en alternance, alternance qui évoquait l'idée d'une source tournant sur elle-même. Cette situation est tout à fait courante en astronomie. En revanche, la structure des deux spectres était totalement inhabituelle et les grilles usuelles de décodage restaient inefficaces. Rodrigo et moi nous nous connaissons depuis longtemps, nous avons collaboré scientifiquement. Il m'a demandé de l'aide pour analyser le problème. J'ai moi-même fait appel à Charlotte Dempierre et Ali Razavi, ici présents. Nous avons aussi utilisé le télescope Hubble grâce à une heureuse collaboration avec la NASA.

» Notre travail a été retardé par des événements imprévus : un AVC de Rodrigo, un voyage que j'ai dû faire, un procès inique intenté à Mme Dempierre, dont vous avez certainement entendu parler. Quoi qu'il en soit, nous avons finalement décodé ces deux spectres.

» La conclusion est la suivante : ils ne peuvent être dus à des phénomènes astronomiques naturels, et leur sophistication est telle qu'ils sont nécessairement émis par une intelligence plus ou moins analogue à la nôtre.

– Cela évoque le fameux message « 6EQUJ5 » capté le 15 août 1977, intervient Clint Harriman, un haut gradé de la NASA.

Armand légèrement déstabilisé car il comprend enfin le troisième message de Rodrigo reprend son récit :

– Des mesures très délicates ont permis de conclure que la source, qui se dirige à grande vitesse vers le système solaire, franchira dans moins de deux mois la ceinture de

Kuiper, c'est-à-dire un nuage d'astéroïdes situés autour du soleil, dans le plan de l'écliptique, au-delà de l'orbite de Neptune.

La nouvelle fait sensation dans le Bureau ovale. Apparemment, la plupart des personnalités présentes n'étaient au courant de rien. Clint Harriman intervient à nouveau :

– Une sorte de langage a été inventé depuis quelques décennies, qui permet d'entrer en contact, puis d'échanger des informations, avec une intelligence étrangère, pourvu qu'elle réponde à certains critères. Il est très probable que l'intelligence à laquelle nous avons affaire vérifie ces critères.

– Il serait illusoire, répond Armand, d'espérer établir, même en quelques jours, un échange, une conversation en Lincos. Nous avons une preuve d'intelligence, mais nous n'y avons pas encore répondu. Dès que la source aura franchi la ceinture de Kuiper, il sera possible de lui faire parvenir des messages au moyen de faisceaux laser. L'observatoire de San Pedro est parfaitement équipé pour cette tâche. Faut-il le faire ? La décision appartient évidemment à monsieur le président. Les extraterrestres avec lesquels nous pouvons tenter de prendre contact sont, d'après les spectres qu'ils émettent, très probablement en avance sur nous. Leurs informations constitueraient donc un grand pas pour l'humanité. Ils pourraient notamment avoir résolu une énigme mathématique vieille de cent cinquante ans et connue sous le nom…

Armand est interrompu par une violente diatribe du secrétaire au Commerce :

– Monsieur le savant français, nous n'avons que faire des conjectures mathématiques de quelques rêveurs. Notre but est le bien-être du peuple américain, et le reste de l'humanité peut aller…

Il est interrompu à son tour par le président, visiblement irrité :

– La parole est toujours à M. Lafforet.

– Le peuple américain, dit Armand, s'est bien trouvé, si mes souvenirs sont exacts, d'avoir accueilli puis écouté quelques rêveurs dans le genre d'Albert Einstein. Il pourra, en combinant les informations fournies par nos hôtes éventuels avec son génie propre, faire avancer son bien-être et sa culture. L'humanité sera, j'en suis certain, guidée par le peuple américain, heureusement guidée grâce aux institutions démocratiques de celui-ci.

Le représentant de l'Académie des sciences jette à l'orateur un regard soupçonneux.

– J'ai terminé, dit Armand.

– Bien entendu, déclare le président, il faut établir le contact. Mais toute l'affaire doit être gérée aux États-Unis. Nous n'avons certainement pas besoin de l'observatoire de San Pedro.

– Les conditions climatiques de l'Atacama sont uniques au monde, observe Armand, et, à moins que vous n'ayez l'intention d'annexer le nord du Chili…

Il s'aperçoit aussitôt que la plaisanterie est très mal prise de divers côtés.

– C'était de l'humour, naturellement. Mais je ne doute pas que, grâce aux bonnes relations que vous entretenez avec le gouvernement de Santiago… En outre, je suis un ami personnel de Rodrigo Chavez, un des principaux astronomes de cet observatoire.

Un échange acrimonieux s'engage alors entre le représentant de l'Académie des sciences et le secrétaire au Trésor. Le président l'interrompt brutalement.

– Nous devons accepter l'inévitable. Vous allez jouer un rôle essentiel, dit-il en se tournant vers le secrétaire aux Affaires étrangères, qui rayonne.

Armand reprend :

– La première chose à faire, c'est de leur envoyer un message, que nous avons préparé, et qui leur montrera non seulement que nous avons compris le leur mais que nous sommes capables de leur poser une question de nature mathématique. S'ils sont capables de répondre, nous saurons qu'ils parlent un langage mathématique et même un langage mathématique sophistiqué. Mais, je le répète, nous n'en serons pas au stade des échanges. Nous pouvons tout au plus leur expédier un bloc considérable d'informations qu'ils auront à comprendre. Nos prédécesseurs imaginaires, dans *Le Nuage noir* de Fred Hoyle, leur envoyaient d'un coup l'*Encyclopedia Britannica*, considérée à l'époque comme le résumé du savoir humain.

Une voix s'élève :

– La solution est toute trouvée, c'est le contenu du Web, bien sûr !

Un comité *ad hoc* est immédiatement créé par le président pour s'occuper de la question. Par ailleurs des moyens considérables se trouvent mis à la disposition d'Armand, de Charlotte et d'Ali.

Les journalistes, les chaînes de télévision, pendant les jours qui suivent, sont à l'affût de leurs moindres gestes. Le visage de Charlotte fait la couverture de plusieurs dizaines de magazines. La Gaumont propose à la physicienne le rôle principal dans un film de science-fiction. Elle décline poliment.

CHAPITRE 38

La question 131

Commence alors une attente jamais vécue dans l'histoire de l'humanité, une attente transcendante, presque métaphysique. La « question 131 », le message messianique sont prêts et partiront dès que l'objet céleste émergera de la ceinture de Kuiper. Il faudra mettre pleinement à profit les quelques jours rendant la communication possible pour en tirer le maximum.

La trajectoire de la source peut déjà être prévue, en admettant qu'elle se laisse guider par les seules forces gravitationnelles sans faire intervenir un autre moyen de propulsion. Même dans ce cas, les calculs sont compliqués car il faut tenir compte de l'attraction de chacune des planètes, mais la NASA est outillée pour ce genre de problème. La source se comportera comme une comète qui passera très près du soleil, et sa trajectoire devrait rendre la communication possible pendant une dizaine de jours. Une collision avec la Terre semble peu probable, mais le Pentagone prend néanmoins quelques mesures discrètes. Les chercheurs du monde entier se mobilisent pour mettre au point un système de communication sophistiqué, indépendant des innombrables conventions linguistiques, et les deux mois sont pleinement employés dans ce sens. Une réunion exceptionnelle de la conférence générale des poids et mesures est improvisée, et se déroule dans une ambiance houleuse. La définition actuelle de l'unité de temps, pas tellement canonique, est la durée de 9 192 631 770 périodes de la radiation correspondant à la transition entre les deux niveaux hyperfins de l'atome de césium 133. Pas facile à transmettre aux extraterrestres ! Pas plus que la convention selon laquelle notre unité de longueur, le mètre, est la distance parcourue par la lumière dans le vide pendant la fraction 1/299 792 458 d'une seconde, de sorte que le mètre vaut environ 31 longueurs d'onde de la transition hyperfine du césium. Tout cela leur paraîtra bien artificiel… D'autant que le césium se trouve facilement sur Terre, mais n'est certainement pas le corps chimique le plus répandu dans l'Univers.

Après des discussions acharnées, un accord émerge pour utiliser les données spectrales envoyées par la source et ainsi redéfinir des unités de mesure spatiales et temporelles permettant la communication. Plusieurs observatoires, dont l'Alma, modifient leurs programmes et se synchronisent afin d'être capables de localiser la source très précisément en utilisant la parallaxe.

On s'aperçoit qu'il n'existe pas de mots assez puissants pour décrire cette attente et l'on découvre les vertus du silence. Armand repense aux secondes de silence absolu précédant le *temblor* dans le désert.

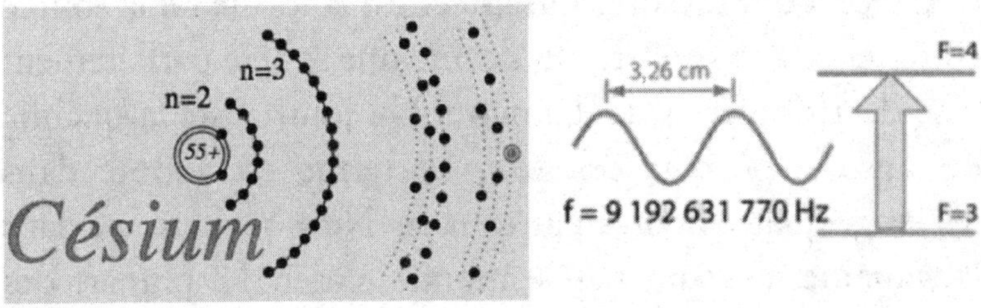

Transition hyperfine du césium,
la longueur d'onde est d'environ 3,26 centimètres.

Deux mois ont passé. Le jour J arrive, la source franchit la ceinture de Kuiper et le message messianique qui a été mis au point est envoyé, par l'Alma, sous forme d'impulsions laser.

Un jour plus tard, on constate que les deux spectres cessent d'être émis par la source et sont remplacés par une série d'autres spectres, dont l'un contient la réponse à la « question 131 ». Une intelligence extraterrestre est donc bien présente sans le moindre doute. Elle vient de passer brillamment un test de Turing de quatrième génération.

– Je suis vraiment sidéré, dit Armand, qu'ils aient donné la bonne réponse à la question 131. En effet, le message que nous leur avons envoyé ne contenait pas suffisamment d'informations pour déterminer la réponse de manière unique. Ils ont néanmoins deviné le motif sous-jacent ! Ils parlent le « zêta ». Cela ne résout pas la question : un être, plusieurs, une mystérieuse entité intermédiaire ?

Grâce à des mesures ultraprécises, la forme de la source commence à se révéler. On devine une sphère parfaitement lisse de 100 mètres de diamètre. Un journaliste la qualifie de « grosse pomme céleste ». Le terme est adopté dans les vingt-quatre heures par tous les New-Yorkais, et, dans la semaine qui suit, par le monde entier. La plupart des mathématiciens, eux, l'appellent la « sphère de Riemann ».

Après la réponse à la question 131, la sphère émet un message que les chercheurs de la planète tentent d'élucider. Il s'agit toujours d'un message spectral, qui semble singulariser un point précis de l'espace-temps. On s'efforce donc de le déterminer en utilisant le nouveau système d'unités. Nos trois chercheurs sont bien entendu au premier rang, et Armand annonce bientôt, triomphant, qu'il a identifié le point d'espace-temps indiqué par la sphère :

– Ce n'est autre que l'observatoire d'Alma le jour du courriel impératif de Rodrigo !

Pourtant, Charlotte ne croit pas à cette annonce. Frileuse, elle reste à proximité de Florimond, et ses amis s'inquiètent pour sa santé. Elle a perdu le sommeil et semble de plus en plus préoccupée. Il ne lui faut que quelques secondes pour montrer à Armand qu'il a utilisé dans ses calculs une hypothèse injustifiée :

– C'est là que tu t'égares. Tu veux toujours prouver que tu as raison ! Prends garde à l'hubris !

Trois jours plus tard, Ali et Armand retrouvent Charlotte en pleurs, épuisée, devant une immense toile quadridimensionnelle, sur laquelle un point précis se signale en clignotant. Elle dit :

– J'ai terminé les calculs et je suis épouvantée ! Le point que la sphère nous signale dans son message correspond exactement au détecteur de particules du CERN, à l'instant précis où mon expérience a eu lieu, au moment où la structure de mon cerveau a été enregistrée par Atlas ! Dire que je parlais d'hubris !

Ali et Armand sont d'abord sceptiques, car Florimond a aidé Charlotte à faire ses calculs et il n'est pas totalement impartial dans cette histoire. Mais la nouvelle se trouve rapidement confirmée par deux groupes de scientifiques, à Shanghai et à Moscou. Il n'y a plus aucun doute : c'est bien l'expérience tentée par Charlotte qui a déclenché la visite de la sphère ! Les trois chercheurs échafaudent quelques hypothèses pour trouver le lien de causalité.

– En somme, suggère Armand, ton séjour hilbertien a débuté à ce moment-là et t'a permis d'échapper à toute localisation spatiale. Tu as très bien pu établir un contact avec la sphère et n'en garder aucun souvenir !

Mais Ali trouve cela peu convaincant, et propose :

– Le rayonnement produit lors de l'expérience de Charlotte dans le détecteur était extraordinairement violent. Il a probablement été capté – peut-être sous la forme d'un flux de neutrinos – par la sphère qui croisait à une distance relativement faible du système solaire, une distance que l'on peut estimer à quelques journées-lumière.

– Ils auraient alors reçu une image de mon cerveau ? C'est effrayant !

– Pour le moment, il n'y a de leur part aucun signe menaçant..., répondent en même temps Ali et Armand.

Charlotte se sent un peu lâchée. Leur manière de répondre à son angoisse manque de délicatesse et d'empathie. Ils auraient pu prendre le temps de trouver les mots qui font du bien. Elle est aussi un être humain, jusqu'à preuve du contraire !

Pendant la période favorable, la proximité de la sphère et la communication établie permettent aux observatoires terriens d'engranger dans des disques durs des zettaoctets de données spectrales, dont la signification leur échappe totalement. Ali est ravi de cette aubaine et compte bien sur la collaboration future de Florimond et de Charlotte pour percer les mystères de ce trésor. Archive sacrée !

Quelques jours plus tard, la grosse pomme céleste s'est éloignée après avoir frôlé la Terre. Les observatoires signalent que sa trajectoire parabolique va l'éloigner définitivement du système solaire et que la communication va bientôt être interrompue. À l'extrême fin de la période favorable arrive un ultime message reçu par Charlotte. Elle a ressenti tout à coup une sorte d'ébranlement psychique, qui mêlait des bribes intemporelles de son voyage hilbertien, des bouffées mystiques remontant à sa jeunesse et des états d'âme totalement inconnus, bref un « ébahissement sans fond ». Après une longue analyse, elle essaie de le traduire rationnellement :

– Ils vont disparaître. Pourquoi ? Toutes les hypothèses sont permises. C'est le plus signifiant des testaments jamais reçus.

– Un SOS ? dit Ali.

– Non, pas un SOS, mais un SYS : « *save your souls* ».

– Et que pouvons-nous faire pour sauver nos âmes ? dit Armand qui jubile en voyant Charlotte en pleine crise mystique.

– J'ai cru comprendre : Prenez garde au *machine-learning*, concentrez-vous sur les concepts !

– Et ma question sur l'hypothèse de Riemann, a-t-elle reçu une réponse ?

Charlotte a bien essayé, avec l'aide de Florimond, de poser la question d'Armand. Mais la réponse qu'elle a reçue n'est pas de nature rationnelle.

– Je ne vois pas, dit-elle à Armand, comment te communiquer l'oracle extraordinaire sans te tromper, sans te donner de fausses assurances. Le seul moyen honnête serait une sorte de parodie de nos modes de pensée habituels. Permets-moi donc de compléter à ma manière ta fable du diable et du mathématicien : Quelques années après sa rencontre avec le diable, qui, joueur généreux, a accepté de lui rendre son âme, le mathématicien trépasse. Au terme d'un séjour salutaire au Purgatoire, il obtient enfin une entrevue avec Dieu. Il lui pose alors LA QUESTION.

Armand ne peut s'empêcher d'intervenir :

– L'hypothèse de Riemann est-elle vraie ?

– ***Oui, bien sûr !***

– Mais comment savez-vous que tous les zéros non triviaux de la fonction zêta sont de partie réelle 1/2 ? continue Armand.

Et Dieu lui répond :

– ***C'est simple : je les vois tous, luminescents, d'un seul coup d'œil. N'oublie pas que je suis Dieu. Je lis la déception sur ton visage, oui, je lis dans ton cœur, tu es frustré, en manque d'explications…***

» Nous allons arranger cela, j'appelle l'archange Gabriel, l'ange de la géométrie, il va te faire un topos !

Notes

1. Voir *Correspondance Grothendieck-Serre*, établie par Pierre Colmez et Jean-Pierre Serre, SMF, 2001, p. 250.
2. Alexandre Grothendieck, *Récoltes et semailles*, Hermann, à paraître.
3. Chanson écrite par Tomas Mendez en 1954.
4. Tomas Tranströmer, « Secrets en chemin », *Baltiques. Œuvres complètes 1954-2004,* traduit par Jacques Outin, Gallimard, coll. « Poésie », 2004.

Remerciements

Odile Jacob, Alain Chamaraux, Denise Chemla, Michel Collin, Frédéric Connes, Anne Papillault et Jean-François Dars, Édith Dixmier, Françoise Dixmier, Éric Goles, Jeannine et Alain Guichardet, Gianni Landi, Fedele Lizzi, François Martin, Carlo Rovelli, Ilan Vardi, Marie-Claude Vergne, Fernando Villegas, Dan Voiculescu.

Table

DES MÊMES AUTEURS
CHEZ ODILE JACOB

Le Théâtre quantique, 2013.

OUVRAGES D'ALAIN CONNES
CHEZ ODILE JACOB

Matière à pensée (avec J.-P. Changeux), 1989.
Triangle de pensées (avec A. Lichnerowicz et M. P. Schützenberger), 2000.

Cet ouvrage a été composé
en Adobe Garamond Pro
par Nord Compo
à Villeneuve-d'Ascq (Nord).

Aubin IMPRIMEUR

N° d'édition : 7381-4136-X – N° d'impression : 1712.0318
Dépôt légal : février 2018

Imprimé en France